대한민국의 과거, 현재, 미래:
공업

대한민국의
과거, 현재, 미래

공업

배재용 · 김동회 · 심상준 지음
홍순조 삽화

써네스트

한국은 공업으로 먹고 사는 나라이다

변변한 천연 자원도 없고 비좁은 국토에 수많은 사람이 몰려 살고 있으면서도 전쟁의 폐허에서 '한강의 기적'을 성취하고 일정한 경제적 번영을 이룩했던 힘은 오직 한국인의 근면하고 뛰어난 자질 때문이었다.

한국인이 집중적으로 매달려 세계 일류까지 일으켜 세운 산업은 농업도 수산업도 아니었으며 은행업이나 금융업, 유통업도 아니었다. 전자공업, 석유화학공업, 반도체, 철강 및 조선공업 등등…… 수많은 공(工)자가 들어가는 산업이었다. 바로 공업이다. 한국은 국가 규모 대비로 보았을 때 세계 최강의 공업 대국인 것이다.

1997년 12월, 일부 무능한 관료, 탐욕스런 금융인과 일부 재벌의 무능과 실책으로 인해 닥쳐온 외환 위기가 한국을 강타했고 IMF에 구제 금융을 요청하면서 소위 'IMF 체제'가 수립되었다. 국가 부도의 위기를 극복한 것은 '금모으기 운동'으로 상징되는 국민들의 합심과 수출에 매진한 공업인의 희생적 분투 때문이었다. 그러나 허리띠 졸라매어 노력한 끝에 빌려온 외화를 갚고 IMF 체제를 '졸업'하자마자 이런 참화를 야기한 2대 주역인 관료와 금융인들은 별다른 문책 없이 넘어갔다. 그러나 '구조 조정'을 이유로 회사를 그만두어야 했던 엔지니어와 연구원들은 대부분 복직하지 못했다. 이것이 공업대국 한국의 일그러진 자화상이다. 인문사회·상경계 출신이 주기적으로 국부를 손실하고 나면 다시 묵묵히 채워 넣는 것은 늘 공업인의 몫이었다. 그리고 그 고단한 과정을 도맡으며 피를 흘리는 것 역시도 늘 공업인의 몫이었던 것이다.

'IMF 사태'를 겪은지도 벌써 15년 세월이 지났다. 그 당시의 뼈아픈 역사적 체험 때문에 그런지 공업 대국임에도 불구하고 공업 쪽으로 훌륭한 인재가 모이지 않는다. 고교 진학생의 이공계 지원 자체가 감소하고 있거니와 이공계 우수 학생들은 의대, 한의대, 약대, 수의대 같이 당장 수입이 좋은 쪽으로만 몰린다. 과학 영재가 진학하는 과학고, 국가 지원으로 공부하는 KAIST를 졸업하고도 공대나 기초과학을 공부하는 대학원 대신에 의대나 의학전문대학원, 심지어 로스쿨 같은 곳으로 진로를 바꾸는 것은 더 이상 낯설지 않은 풍경이 되어 버렸다.

이공계 출신은 비교적 쉽게 경영학, 경제학을 공부하고 MBA도 취득할 수 있으나 인문사회·상경계 출신은 숙제와 레포트, 시험과 퀴즈로 점철된 고단한 기술인 양성 과정을 견뎌내지 못한다. 이런 의미에서 이공계 출신, 특히 공업인들이야말로 자연의 구성을 이해하고 사물 움직임의 이치를 알며 인간이라는 고도의 유기체에 대해서도 본질에 접근한 이해가 가능한 '선택된 인간'일 수 있다. 훌륭한 공업인이야말로 누구보다 많은 것을 이해할 수 있는 가장 운 좋은 사람이라고 생각한다

이 책은 이러한 문제 의식을 바탕으로 쓰여졌다. 공업대국 한국에서 고교를 졸업하고 공업 분야에 뜻을 둔 젊은이에게 장차 어떤 길이 열려

있으며, 어떻게 훌륭한 인재로 성장할 수 있는지 최소한의 지침을 제공하여 주는 쉽고 쓸모 있는 책을 만들고 싶다는 오랜 꿈이 있었다. 이공계 학생들에게 수학과 수식은 생명과 같은 중요성을 지니기는 하지만, 고교에서 문과를 졸업하고 이공계에 진학하는 학생이 많은 현실을 감안할 때 수식을 가급적 넣지 않고 책을 만들어야 한다고 생각해왔다. 그것과 더불어 만화 삽화를 넣어서 독자들이 책의 내용을 이해하는데 도움이 되게 만들어야 겠다는 다소 파격적인 생각도 같이 하였다.

필자의 이런 오랜 꿈을 처음으로 살짝 풀어 놓은 것이 이 책이다. 그러나 한껏 욕심을 부려 시작하기는 했어도 필자가 워낙 천학비재한데다 책이 다루어야 할 내용 자체가 워낙 스펙트럼이 넓고 균형 있게 다루기 힘들다보니 작업이 진행될수록 미궁을 헤매는 느낌이었음을 고백한다. 너무나 부족하지만 꾸준한 보완 노력을 약속드리며 부끄러움을 감추기로 한다.

이 책은 저자들의 전공과 관심 분야를 감안하여 1, 2장 및 3장 중반까지는 배재용, 3장의 대학원 관련 내용은 심상준, 4, 5, 6, 7, 8장은 김동회가 나누어 작업하였다.

이 책은 대학에 진학하는 초보 공업인을 대상으로 하지만, 전공과 무관하게 읽을 수 있다고 생각하며 최대한 기계나 화공, 전자 등과 같은 일부 공업 분야에 치우쳐 서술하지 않고자 노력하였다. 그러나 저자들이 모두 화학공학 쪽의 학문적 배경을 갖고 있기 때문에 아무래도 화학산업 분야의 서술 비중이 조금이라도 높아졌음을 양해하여 주시기를 당부드린다.

이 책이 나오기까지 많은 분들의 도움이 있었다. 우선 계속 늦어지는 원고에도 불구하고 짜증내지 않고 재미가 있으면서도 의미가 충실한 삽화를 그려주신 홍순조 화백에게 감사의 뜻을 전한다. 또한 동양미래대학교 안태완 박사님과 이동호 총장님께도 감사드린다. 이 분들의 재정적 지원과 거센 채찍질이 없었다면 이런 책을 써보겠다는 엄두조차 내지 못했을 것이다.

2015년 10월 저자를 대표하여 배재용

| 차 례 |

1장. 한국의 공업

공업의 정의(定意) – 공업이란 무엇을 말하는가? • 14

한국 공업의 발전 과정 • 17

이공계 기피 현상 • 23

2장. 공업의 기본기

왜 움직이지 않았을까? • 30

공업 제품의 생산 • 32

Size does matter! • 37

발상의 전환 • 40

마이크로 결사대 • 42

KTX에 숨어 있는 기술 – 위대한 시행착오 • 46

엔지니어의 한계 – 후쿠시마 원전 사고 • 54

첨단 기술과 극한 기술 • 59

안전 계수 이야기 • 65

결국은 소재 기술이 좌우한다 • 68

전혀 예상하지 못했던 문제 • 72

3장. 취업, 그리고 학문 계속하기

대기업에 입사하기 ・78

중소기업에 입사하기 ・80

전문대졸이 대졸보다 취업 잘된다? ・81

전문대학 졸업장만으로 충분한가? ・84

회사가 학교보다 효율적인 교육기관 ・86

공대를 나오면 누구나 기술자? ・88

4년제 학사 학위 취득하기 ・90

대학원에 가기 ・92

외국 유학은? 학비 조달은? ・96

대학원에서 무엇을 얻을 것인가? ・99

석사를 받고 하는 일 ・104

박사 학위를 받고 하는 일 ・107

박사후 과정(포닥) ・108

대학 교수 ・110

기업 연구소 취업 ・112

학회 활동과 논문, 특허 ・114

4장. 창업과 벤처 기업

들어가는 말 · 118

창업과 기업가 · 120

성공적인 창업가의 특성 · 124

벤처 기업의 태동과 그 특성 · 126

벤처 기업의 종류 · 130

한국의 벤처 산업 · 131

5장. 시장 조사와 사업계획서

들어가는 말 · 138

시장 조사 방법 · 141

사업 계획서 작성 · 151

사업 계획서에서 강조해야 할 점 · 160

6장. 특허 및 지적 재산권

들어가는 말 · 164

지적 재산권의 개념 · 164

산업 재산권의 등록 · 167

산업 재산권 분쟁의 해결 · 171

7장. 벤처 기업의 운영

들어가는 말 • 178

벤처 기업의 탄생은 결단이다 • 178

벤처 기업은 생명체이다 • 180

벤처 기업의 조직 구성 • 183

벤처 기업의 자금 운영 • 187

벤처 기업의 영업 전략 • 191

벤처 기업의 리스크 • 194

8장. 벤처 제품화 사례 연구

들어가는 말 • 200

하수구 설치 분쇄 장치의 개발 사례 • 200

음식물 쓰레기 처리 장치의 개발 사례 • 212

알레르기 방지 침구의 개발 사례 • 228

결어 • 238

1장. 한국의 공업

공업의 정의(定意) - 공업이란 무엇을 말하는가?

어느 한 국가에서 1년 동안 생산된 물건이나 용역, 서비스 등 상업적으로 가치가 있는 모든 것들을 돈으로 환산한 액수를 GDP(gross domestic production)라고 한다. GDP는 (만능 척도라고 할 수는 없지만) 한 국가의 종합적인 경제 활동량 볼륨을 표현하고 비교하는 척도로 가장 널리 쓰인다. GDP가 큰 국가는 1년 동안 공장에서 물건을 많이 생산하고, 서비스 산업, 금융 산업 등에서 많은 부가가치를 만들어내는 나라라는 뜻이므로 집계된 GDP가 큰 나라가 곧 경제 규모가 큰 나라라고 말할 수 있는 것이다.*

우리나라의 명목 GDP는 약 8,600조원이며 이는 세계 13~15위권에 해당하는 큰 규모이다.** 한국의 국토 면적은 (남한만을 기준할 때) 고작 98,000 평방 킬로미터(km²)밖에 안되므로 땅덩이 기준으로는 겨우 세계에서 80등밖엔 안되지만, 나라의 경제적 활동량을 표현하는 척도인 명목 GDP 기준으로는 세계 13~15위에 해당하니 덩치에 비해 매우 실속 있고 알차며, 경제 규모가 크고 역동적인 나라라 하겠다.

그렇다면 우리나라에서 생산된 각종 상품과 부품, 다양한 곡식과 채소, 상거래, 금융 등과 같은 엄청나게 다양한 서비스 활동들 …… 즉 GDP 중에서 공업 부문이 차지하는 비율은 얼마나 될까? 이 질문에 답하기 위해선 "공업"이란게 정확히 뭔지 확실하게 의미를 정해두는 것이 필

---

* 참고로, 세계 GDP 규모 1등은 미국, 2등은 중국, 3등은 오랫동안 일본이었는데 최근 독일로 바뀌었다. 그러나 근래들어 엔화 환율이 급등하면서 다시 일본으로 바뀔 듯하다.

** 우리나라 원화 환율의 변동성이 유난히 커서, 달러 환산으로는 자주 순위가 바뀐다. 예를 들어, IMF 사태 직전(환율 800원/$)에는 1인당 GDP가 3만 달러에 도달하기도 했으나, 외환 위기(최고 환율 2,000원/$) 당시엔 단번에 15,000 달러 밑으로 추락하기도 했다.

요할 것이다.

전통적인 산업 분류법으로 클라크의 산업 분류가 있다. 과거 영국의 경제학자 클라크(C. Clark)는 산업을 제1차, 2차, 3차 산업으로 분류했다. 1차 산업이란 자연물로부터 직접 채취하고 생산하는 농업, 임업, 수산업 등을 가리키며 2차 산업이란 광업, 제조업, 건설업, 전기/가스업 등을 말한다. 3차 산업이란 도매와 소매업, 물류업, 금융업, 변호사업이나 의료업, 심지어 미용업이나 연예 산업 등과 같은 엄청나게 다양한 서비스업을 총망라해 말한다.

공업(工業)의 정의에는 여러 가지가 있을 수 있으며, 학자에 따라 조금씩 다르다. 그러나 이 책에서는, **1차 산업 생산품을 원료로 받아서 제법 복잡한 제조 공정을 거쳐 다음 제품을 생산하기 위해 필요한 중간재 및 사람들이 직접 생활에 사용하는 최종 생산물로 형태와 기능을 바꾸어서 경제적 가치를 늘려주는 산업을 공업이라고 부르기로 한다.** 그렇다면 공업은 클라크의 분류에 따르면 어디에 속할까? 물론 2차 산업에 속한다.

국가에 따라서 2차 산업을 구성하는 각 부문, 즉 광업, 제조업, 건설업, 전기/가스업이 차지하는 비중은 각양각색이다. 예를 들어 호주처럼 석탄과 철광석 같은 광물 자원이 풍부하고, 광물을 캐내어 수출하여 많은 외화를 벌어들이는 나라에서는 광업이 대단히 중요하지만 인구가 적어 인건비도 비싼 탓에 변변한 대규모 공장이 없는 나라이기 때문에 호주엔 제조업 분야 산업이 거의 없다고 봐도 과언이 아니다. 즉, 호주의 경우 "2차 산업" 하면 광업을 가리킨다고 말해도 거의 틀림이 없다는 뜻이다. 반면에 호주와는 정반대로 우리나라의 경우엔 땅에서 석유 한 방울 나지 않고 땅 속에 묻혀 있는 광물 자원도 매우 빈약하여 온 나라를 통틀어도 "광업"을 한다고 표현할만한 변변한 광산이 거의 없는 형편인지라 우리나라의 경우엔 "2차 산업" 하면 제조업을 가리킨다고 말해도 거의 틀림이 없다.* 이 책에서도 편의상, 공업이란 단어는 제조업과 동일한 의미로 사용할 것이다.

---

* 건설업과 전기/가스업 중에서 건설업의 비중은 매우 큰 편이다. 하지만 이들 산업은 해외 시장을 쳐다본다기보다 국내 수요만을 바라보는 내수 업종으로서의 성격이 크고, 서비스업으로서의 성격도 동시에 갖고 있어서 일반적으로 제조업과는 가는 길이 다르다고 보는 견해가 우세하다.

한국 공업의 발전 과정

우리나라 공업의 발전 과정을 간략하게 설명하면 다음과 같다.

예로부터 조선은 문치(文治)의 나라였고 '사농공상(士農工商)'이란 술어가 함축하듯이 인문주의와 글읽기를 숭상한 반면에 공업과 상업을 천시하는 전통을 가진 나라였다. 이러다보니 세계의 산업 판도를 뒤바꾼 서양 산업 혁명의 물줄기에 편승하는 것이 외국 열강들보다 한참 늦었으며 한국의 자본주의는 제대로 싹을 틔워 보기도 전에 일본 제국주의자들의 침탈로 국권을 빼앗기고야 말았다.

일본 제국주의는 일본 본토는 공업, 식민지인 한반도는 원료 및 식량 공급처 겸 공업 제품 소비처로 삼는다는 식민지 경영 전략을 수립하여 밀고 나갔다. 따라서 한반도 땅에는 변변한 공업 시설을 건설하려 하지 않았으며 대학교도 딱 하나(경성제국대학─현 서울대학교의 전신)밖에는 설립하지 않았다.* 1910년 한일합방부터 1930년대 초반까지 일제는 이러한 전략을 꾸준하게 유지되었으나 일본의 만주 침략, 이어 1937년 중일전쟁의 발발, 1941년 하와이의 진주만 기습 공격으로 시작된 태평양 전쟁 발발 및 전쟁 확대 과정에서 일제는 식민지 경영 전략을 수정하여 한반도 땅을 전쟁 수행에 필요한 물자와 병기를 만드는 병참기지화 시키는 전략으로 바꾸게 되었다. 1930년대부터 주로 만주와 지리적으로 가깝고 수력 전력과 석탄이 풍부한 현재의 북한지역을 중심으로 비료, 화학, 군수 공장이 건설되기 시작하였고 발전소와 철도, 도로와 항만 건설이 본격화

---

* 연세대학교와 고려대학교의 전신인 연희전문, 보성전문 모두 정규 대학이 아닌 "전문학교"였음을 기억할 것.

되었다. 태평양 전쟁에서 패색이 짙어지는 1944년경부터는 남한 지역에
도 병참 공장을 건설하기 시작하였으나 해방 직전까지도 남한 지역의 제
조업 기반은 북한 지역보다 훨씬 미약했다.

1945년 8월 일제의 무조건 항복과 함께 연이어 밀어닥친 미·소 냉전
의 찬바람으로 한반도는 위도 38도선을 기준으로 남북으로 분단되었으
며, 일제가 건설한 공장과 발전소 등과 같은 공업 기반시설 거의 전부가
북한 지역에 남게 되었고 남한 지역에는 변변한 생필품 공장도 거의 없
는 수준이 되었다. 게다가 설상가상으로 1950년 6월 25일 터진 한국전쟁
(소위 '6.25 사변')은 그나마 남아 있던 남한 지역의 공장과 공업 기반 시설
마저 완전히 파괴하게 만들었다. 1953년 7월 휴전협정이 조인된 이후부
터 전후 복구 사업이 본격적으로 시작되었으며 1960년대초까지의 이승
만 정부 기간에는 소비재 중심의 일부 제조업 시설들이 건설되었다. 이
시기에 중요하게 여겨졌던 대표적 공업 제품이라면 소위 '삼백(三白)'이라

하여 밀가루, 설탕, 생사(누에고치)를 들 수 있을 듯하다.

쉽게 짐작할 수 있듯이 수입 밀과 원당을 가공하여 밀가루, 설탕 같은 것을 제조하는 수준의 국내 공업 수준만으로 공업화가 완성될 수는 없는 일이다. 예컨대 밀가루를 생산하는 공장의 경우 대단한 기술적 난이도가 있는 것도 아닐뿐더러 밀가루의 원자재인 밀을 국내에서 자급하지 않는 한 내수용으로 충당하는 정도의 매출밖에는 기대하기 어려운 것이며 수출 산업으로 키우기는 더욱 곤란한 것이다. 부존 자원이 많지 않고 식량 자급도 곤란하며 인구는 많고 근면 성실하고 손재주 좋은 인력이 풍부한 당시의 신생 한국으로서는 생필품 외의 수출 산업을 키워야만 하는 역사적 과제가 주어졌는데, 이런 과제가 본격적으로 추진되기 시작한 것은 1960년대 박정희 정부 때부터였다.

박정희 정부는 일본과의 국교 정상화를 추진하였고 과거 식민지 지배로 수탈당했던 댓가로 무상 2억 달러, 유상 3억 달러의 소위 "대일(對日) 청구권 자금"을 확보하여 공업화의 종잣돈으로 삼았으며 "경제개발 5개년 계획"을 체계적으로 수립하여 장기적인 안목에서 국내 산업 기반을

확충하기 시작했다. 가장 우선적으로 건설한 것은 석유와 농업용 비료 같은 국내 필수 원자재를 자급할 수 있도록 하기 위한 석유 정제 및 비료 공업이었으며, 현재 울산광역시 석유화학 공단의 효시는 바로 이때 지어진 대한석유공사(현 SK이노베이션) 울산 공장이다.

이어서 당시의 값싸고 우수한 노동력을 활용한 가공 수출로 외화를 획득하기 위한 대표적 산업인 의류, 가발, 신발 등과 같은 경공업을 육성하였다. 그 후 "산업의 쌀"이라고 불릴만큼 모든 중공업 제품의 기본 소재가 되는 철강 산업을 육성코자 하여 철강왕 박태준을 중심으로 1973년 포항제철(현 POSCO)을 가동 개시하였으며, 1970년대 후반에는 '중화학입국(重化學立國)'이라는 슬로건을 내걸고 조선, 석유화학, 자동차 공업 등과 같은 다양한 중공업 및 석유화학공업 제조 기반을 마련하기 시작하였다. 1973년과 1979년의 중동발 오일 쇼크로 중화학공업 제품의 채산성이 일제히 악화되는 등 적지 않은 위기 상황도 있었고 일부 재벌 기업에 편중된 정부 지원으로 훗날 "경제력 집중"의 책임 논란에서 자유롭지 못한 부분이 있기는 하지만 공업인의 입장에서 1960~70년대 박정희 정부 시기는 현 대한민국 공업의 넓이와 규모를 결정한 중요한 시기였고 나름 중요한 역사적 책무를 다한 시기였다고 평가할 수 있을 것이다.

1980년대 들어서부터 한국의 공업은 전자 및 IT 방면에서 새로운 돌파구를 찾아 폭넓은 발전을 시작하게 된다. 1983년, 삼성그룹 총수 이병철은 주위의 반대 의견을 무릅쓰고 메모리 반도체 투자를 지시하여 삼성전자에서 64kD램을 처음으로 생산하기 시작하였으며, 이는 PC, 평판 디스플레이, 디지털 TV, 휴대폰, 스마트폰 등 현재까지 이어져오는 "IT 하드웨어 강국 코리아"의 기초가 된다. 자동차 산업 분야에서도 현대 그룹이 포니, 포니2, 스텔라, 아반테, 소나타 등 국내외 히트 차종을 연달아 내

놓으면서 내수에서 수출 산업으로의 질적 성장을 이루는데 성공하였다. 조선공업도 현대중공업, 대우조선해양, 삼성중공업 등 기업의 기술력 향상과 손재주 뛰어난 한국 기술인의 국제 경쟁력을 바탕으로 세계 수준의 경쟁력을 갖추게 되었다. 공업의 기초 재료가 되는 유기 및 무기 소재 부문에서도 석유화학, 철강 관련 기업의 지속적인 연구개발을 통해 기술력이 크게 향상되면서 LG화학, POSCO와 같은 세계적 수준의 기업(소위 "global players"*)이 속속 등장하기 시작하였다.

2000년대 들어서는 한국 공업 분야 대기업의 질적 수준의 비약이 있게 된다. 주요 업종에서 세계적 수준의 기업이 속속 등장하기 시작하였으며 선박 및 해양 구조물, 고급강, 메모리 반도체, 가전, 휴대폰, 평판 디스플레이, 리튬 2차 전지 및 폴리실리콘 등 일부 화학 제품에서 세계 일류 제품이 출현하기 시작하였다. 이후 지속적인 기업 체질 개선과 기술력 발전을 통하여 2015년 현재, 우리나라 유수의 대기업 중 일부 유명

---

* 유사한 표현으로 'top tier'라는 표현도 많이 사용된다. 쌓아 올린 계단의 맨 윗 단이라는 뜻이다.

한 기업, 예를 들어 전자산업 분야의 삼성전자, LG전자, SK하이닉스, 삼성SDI, LG디스플레이, 철강산업 분야의 POSCO, 종합 석유화학 분야의 LG화학, 조선 및 기계공업 분야의 현대중공업, 삼성중공업, 두산중공업, 자동차 분야의 현대자동차 같은 기업의 경우 기술력과 영업력, 경영 여건 변화에 대응하는 능력, 기업 재무 구조 등의 종합적인 측면에서 각 기업의 해당 분야에서 세계 최선두 그룹으로 포함시키기에 전혀 손색이 없다. 이들 기업, 즉 경영층, 근로자, 연구원들이야말로 한국의 소중한 자산이며, 이들 기업과 직·간접적으로 연관된 수많은 중소기업과 수많은 식솔들까지 감안한다면 가히 "한국을 먹여 살리는" 회사들이라고 말해도 과언이 아니라 하겠다. 최근 들어 사회 전반적으로 공업인의 인기가 떨어져가고 있는 추세이긴 하지만, 우리는 국가 전략적인 연구개발 지원과 지속적인 쇄신 노력을 통해 이들 기업이 앞으로도 계속 성장을 거듭함으로써 명실공히 세계 1등 기업으로 탄생하도록 노력해야 할 것이다.

이공계 기피 현상

우리나라 산업 가운데 공업이 갖는 중요성은 이루 말할 수 없다. 우리나라의 공업은 전체 산업에서 차지하는 비중 자체는 3차 산업보다 낮다. 그렇지만 공업은 우리나라 산업 가운데 가장 많이 외국과의 교역을 통하여 돈을 벌어다 주는 효자 산업이다. 독자들도 우리나라 기업들이 휴대폰, 반도체, 철강, 석유화학 제품 같은 것을 외국에 수출해서 꾸준하게 외화를 벌어 들인다는 말은 들어봤어도 우리나라 은행이나 증권회사, 혹은 한국인 변호사나 의사가 외국에서 크게 돈을 벌었거나 꾸준하게 외화를 획득했다는 소리를 들은 적은 없을 것이다.

해방 이후 한국 현대 경제사를 조금 극단적으로 표현하자면 이공계 출신 공업인들이 피땀흘려 벌어오고 온 국민이 근검절약하여 차곡차곡 쌓

아올린 외화를 일부 무능하고 부패한 경영인, 금융인 및 관료들이 주기적으로 한번씩 털어먹는 양상으로 전개되었다고 표현할 수 있다.

1960년대부터 출발하여 1990년대에 이르기까지 온 국민이 피땀 흘려 이룩한 한국 제조업의 빛나는 성과는 세계가 감탄의 눈길로 우러러 보기에 충분했으며, 이는 가난 속에서도 밤을 낮 삼아 일한 엔지니어와 근로자, 여공, 중동 지역 건설 노동자로 대표되는 외국 파견 노동자로 대표되는 공업인들의 노력이 차곡차곡 쌓인 결과였다. 그러나 한국 현대 경제사의 최대 비극으로 역사에 기록될 큰 사건이자, 아직도 온 국민의 기억에 생생한 1997년 12월의 IMF 구제금융 사태를 살펴보자.

IMF 구제금융 사태는 부채로 외형 확장에만 몰두했던 일부 몰지각한 경영인들(한보, 기아, 대우그룹)과 국제 투기 자본에 우리나라 외환 시장을 무방비로 노출시키고 제대로 관리하지 못한 무능한 관료들과 은행, 종금사 등 탐욕스런 금융인들의 합작품이었다. IMF 구제금융 사태의 결과, 한국은 IMF에서 요구하는 "경제 개혁 조건"을 대안 없이 받아들여야만 했고 그 이후 한국이란 사회는 과거와는 아주 다른, 즉 어지간하면 정규직 고용, 평생 고용을 기본으로 하던 온정적인 사회 · 경제적 분위기와 관행으로부터 고용 불안정성의 증가, 빈부격차의 심화, 비정규직 양산 등과 같은 약육강식적 상황으로 단숨에 내몰리게 된 것이다. 그 여파는 지금까지도 계속 국민 경제의 부담으로 이어지고 있는 것이다.

이런 역사적 사실의 영향을 받아서인지 우수한 인재들이 이공계를 기피하고 있다. 한국이 공업으로 먹고 사는 나라임에도 그렇다는 점은 놀라운 일이다. 이는 매우 심각한 문제인데 주요 원인은 무엇일까? 정치학자들은 정치를 일컬어 '공적(公的) 자원 배분권을 둘러싼 권력 투쟁'이라고 표현하는 경우가 많다. 누가 얼마만큼의 공적 자원을 배분받느냐 하

는 것을 결정하는 정치가 (모두들 싫어는 하지만) 그만큼 중요하다는 뜻이다. 그렇다면 한국에서 이공계 출신은 한국의 공적 자원을 배분하는 작업에서 어느 정도의 영향력을 갖고 있을까?

우리나라 이공계 출신들은 정치 권력이나 관료 권력으로부터 소외되어 있다. 법대를 나와 사법시험이나 행정/외무고시를 패스한 이들이 신라시대 성골(聖骨)이라면 이공계 출신은 6두품*이라고 비유할 수 있다. 고생은 고생대로 하며 일하지만, 승진하다보면 유리 천장에 머리를 부딪게 된다는 것이다. 이러다보니 우리나라에서 우수한 인재들이 이공계를 기피하는 현상은 어찌보면 당연하다 하겠다.

다른 나라도 그러한가 하면 그렇지가 않다. 예컨대 고급 관료를 뽑을 때부터 일본은 이공계와 인문상경계를 반반씩 선발한다. 중국 역시도 고급 관료 가운데 이공계 비중이 높아서 예컨대 중국의 최고 지도자였던 장쩌민(상해교통대 전기학부 졸업), 후진타오(청화대 기계학부 졸업)도 이공계

---

* 6두품 출신의 경우 아무리 능력이 출중하더라도 아찬(阿湌) 이상의 품계로는 승진할 수 없었다고 한다.

출신이다. 그러나 우리나라는 대부분 인문상경계 중심의 행정고시, 외무고시, 사법시험으로 고급 관료를 선발하는 비율이 훨씬 높으며 이공계 출신을 대상으로 하는 기술고시는 선발 인원이 매우 적다. 이런 현상이 장기간 지속되면서 우리나라 관료 사회의 구조가 인문상경계 중심의 구조로 정착된 것이다. 고위 관료로 승진할수록 기술을 이해하는 이가 드물며, 이처럼 과학기술을 모르는 사람일수록 현장에서 활약하기보다는 대개 어두운 곳에서 '조직내 정치'에 몰두하기 마련이다. 그 결과, 실무에 대하여 아는 것이 없고 현장을 잘 이해하지 못하는 인문상경계 출신들이 낙하산을 타고 상관으로 들어오면 실무를 담당하는 이공계 출신 실무자들은 이들을 모시며 엄청난 고통을 겪게 된다. 이런 일은 관료 사회에서만 벌어지는 일은 아니며 우리나라의 공공 조직의 영역에서는 흔하게 볼 수 있는 일이다.

중국의 경제 관료들이 한국의 삼성전자 공장을 시찰하게 되면 반도체 신기술에 관한 깊이 있는 질문을 한다고 한다. 반면에 한국의 경제 장관들이 중국의 공장을 시찰하게 되면 천편일률적으로 매출액, 영업이익 등 대학 신입생이나 묻는 수준의 초보적 질문밖에는 하지 못한다 한다. 참

부끄러운 일이 아닐 수 없다.

　현대 사회의 모든 분야는 인문·상경계나 이공계 할 것 없이 지식과 노하우의 깊이가 계속 깊어지고 있지만 아무래도 공업 분야의 경우 이런 현상이 더욱 두드러진다. 새로운 기술과 지식이 계속 쏟아져 나오기 때문이다. 이러한 새로운 지식과 노하우의 확장성에서 인문·상경계 출신은 매우 불리하다. 이 분야의 지식은 전문성이 낮고 수학적 난이도가 높지 않기 때문에 이공계 출신은 학교를 떠난 후에도 언제라도 새로 학습하거나 보충할 수가 있다. 그러나 이공계 지식은 전문성이 높고 때때로 매우 추상적이며 핵심 이치를 터득하기 위해서는 충분한 훈련과 연습이 필수적인 경우가 많기 때문에 비이공계 출신이 이공계 지식을 새로 학습하는 것은 대단히 어렵다. 이치가 이러함에도 불구하고 우리나라에선 공부하기가 우선 편하고 사회생활(사실은 "조직 내 정치 생활")에 인문·상경계가 유리하다는 이유만으로 이공계가 홀대받고 있는 셈이며, 그야말로 아주 비정상적인 상황이 만연되어 있는 셈이다.

　그러나 어쩌겠는가. 모든 국민이 일제히 대오각성 하기를 바란다는 것은 너무 비현실적이다. 앞으로도 당분간 우리나라의 핵심 먹거리이자 산업의 큰 줄기는 공업일 수밖에 없기에 이공계인과 공업인은 묵묵한 애국자이다. 공업인이 생산과 기술 개발에 주력하여 수출에 힘쓰고 외화를 획득하지 못하면 세계 10위권의 경제 대국인 한국은 존립할 수 없는 것이 현실이다. 이런 면에서 우리 공업인 모두는 자부심을 가져도 좋을 것이다.

2장. 공업의 기본기

왜 움직이지 않았을까?

　필자에게 초등학교 고학년 시절 실제로 있었던 일이다. 어느 날, 증기를 내뿜으며 힘차게 달리는 증기기관차를 TV에서 보면서 나도 증기기관차를 한번 만들어 봐야겠다는 꿈을 갖게 되었다. 차체야 나무로 만들면 되니까 그리 어렵지 않을 것 같았고 물을 끓이는 연료로는 양초를 쓰면 될 것 같았다. 물을 끓여서 풍차 모양의 회전자에 충돌시키면 회전력이 생길 것이니 벨트를 사용해 기차 바퀴로 동력을 전달하는 구조를 상상했다. 그런데 실제로 증기기관차 내부의 구조는 과연 어떻게 만들어졌을까 궁리하다가 친구와 함께 도서관에 가서 책을 찾아 보기로 했다. 큰 도서관에 가서 공학 서적들의 목록이 정리된 곳에서 카드를 찾아 '증기기관'이라는 제목의 책을 사서에게 받아서 펼쳐 보았다. 친구와 필자는 열람석에서 그 책을 첫장부터 나름 열심히 읽어 보았지만 복잡한 증기기관 투상도와 읽어도 잘 이해가 안가는 어려운 전문 용어, 이상한 수학 공식이 가득해서 도무지 소용이 없었다. 도대체가 물을 끓여서 증기를 발생

시켜 바퀴를 잘 돌리기만 하면 되는 것을 왜 이렇게 복잡하게 설명하고 있는지 알 길이 없었다.

책으로 배우는 것은 포기하고 우리는 일단 부딪혀 보기로 했다. 기관차 모양하고는 상관없이 우선 굴러가는 기차를 만들어 보기로 한 것이다. 친구와 나는 집 근처에 있는 고물상 아저씨에게 부탁해 얻은 잡동사니를 이것저것 끌어 모아 제작에 착수했다. 보일러 대신 지름 20cm 정도 되는 양은 주전자를 갖다 놓고 물을 채웠다. 나무와 함석판으로 조그만 풍차도 만들었고 풍차에는 벨트 풀리를 달아서 바퀴와도 연결했다. 주전자 밑에는 촛불을 3~4개 켜서 물을 끓이며 풍차에 주전자 주둥이를 갖다 대었다. 물이 끓기 시작하자 주전자 출구에서 김이 모락모락 나오기 시작했지만 풍차는 전혀 돌아갈 생각을 않았으며 기관차(?)는 꼼짝도 하지 않았다. 도저히 이해할 수 없는 현상이 일어나고 있었다. 혹시 불이 약해서 그런가 의심하여 촛불을 서너개 더 놓아 보았지만 하나도 다르지 않았다.

훗날, 대학에 가고 나서 물리학을 배우고, 열역학이란 과목을 공부하고 나서야 그때 그게 왜 안 움직였는지를 깨닫게 되었다. 필자는 증기기관의 구조에만 관심을 갖고 있었지 풍차를 움직여 수레를 움직이려면 얼마나 많은 증기와 얼마나 높은 압력이 필요할 것인지에 대해선 전혀 생각해본 일이 없었던 것이다. 개인적으로, 무턱대고 증기기관차를 만들어 보겠다던 초등학교 시절의 이 실패 경험은 한참 후 대학에 가서 공학을 공부할 때 많은 교훈이 되었던 것 같다. 무엇이든지 실제로 만들기 전에 충분히 그 동작 원리에 대해서 사색하고 나름대로 최대한 계산을 해 보아야 한다는 사실을 체험하게 된 셈이다.

공업 제품의 생산

간단히 말해서, 공업의 최고 목표라면 좋은 제품을 더욱 저렴한 원가로 더욱 더 많이 생산하는 것이다. 여기서 '좋은 제품'이란 만든 의도대로 동작하는 제품이어야 함은 물론이다(만든 목적과 딴판으로 제대로 움직이지도 않는 물건을 누가 '제품'이라 부르겠는가).

좋은 제품을 만들기 위해선 좋은 솜씨(=기술)가 필요하며, 저렴한 원가로 만들기 위해선 저렴한 재료를 구입하고 공정도 단순화 하는 것이 좋으며 가능한 한 많은 개수를 생산하는 것이 유리하다. 최대한 인건비도 절감해야 한다. 이런 일들은 하나하나가 말처럼 쉽지만은 않다. 쉽게 이해가 가도록 TV나 컴퓨터 모니터, 휴대폰 화면 등에 널리 사용되는 액정 디스플레이(LCD ; liquid crystal display)의 예를 들어서 설명해 보자.

LCD는 유리* 혹은 저온 폴리실리콘** 기판 위에 정밀 광학 기술 및 식각(etching), 화학 증착 기술 같은 상당히 정교한 방법들을 총동원하여 높은 밀도로 회로를 구성하고, 거기에 편광 필름과 프리즘 시트, 패널 조명을 위한 백 라이트 등등을 결합하여 만든다. 과거에는 일본 회사가 세계 시장을 독점하던 적이 있었지만 지금은 한국이 최대 생산국이 되었으며 근래 들어서는 대만과 중국에서도 비교적 저가형 LCD를 많이 생

---

* 유리 기판은 박막회로(TFT)를 앉히는 얇은 유리로서 전체 LCD 패널 가격 중 약 20%를 차지한다. TV 크기인 유리를 신용카드 두께보다 얇게 만들어야 하는 기술적 어려움 때문에 미국 코닝과 일본 아사히글라스, NEG, 아반스트레이트 등 4개 업체가 시장을 나눠 갖고 있다. 그러나 LG화학과 중국 이리코, CNBM 등이 도전장을 내밀면서 유리 기판을 만들기 시작하자 미국과 일본 업체들이 시장을 빼앗기지 않기 위해 한국과 중국으로 달려가고 있는 상황이다.

** LTPS(low-temperature polysilicon). 소형 고해상도 LCD 기판에 사용한다.

산하고 있다.

　필자의 기억엔 15년전만 해도 가격이 엄청 비싸서 '그림의 떡'이다보니 커다란 유리 덩어리인 브라운관을 사용할 수밖에 없었지만 지금은 값싼 LCD가 많이 나와서 오히려 브라운관을 구경하기가 힘들어졌다. 그만큼 생산 기술이 좋아지고 대량 생산을 하면서 원가가 절감되었다는 이야기 인데, 요즘은 LCD를 한 대씩 만드는 것이 아니라 가로 세로가 각각 3미 터 가까운 커다란 유리 원판 위에 한꺼번에 거대한 LCD를 제작하고, 이 큰 LCD를 예리하게 절단하여 수십개의 제품으로 만드는 혁신적 공정이 개발되었기 때문이다. 그리고 생산에 필요한 인건비를 줄이기 위하여 공 장은 최대한 자동화되어 있는데, 공장 안에서 일하는 근로자보다 로봇의 숫자가 훨씬 더 많은게 일반적이다. LCD 제조 기업들의 이러한 기술 혁 신 덕분에 우리는 과거보다 훨씬 저렴한 값을 치르고도 LCD로 만든 TV, 모니터, 휴대폰, 네비게이션 같은 물건을 구입할 수 있게 된 것이다.

　그렇다면 LCD를 만드는 기업들의 발전은 이제 끝난 것일까? 그렇지

가 않다.

LCD는 수많은 화소로 이루어져 있다. TV나 모니터 등의 디스플레이 화면을 가까이 다가가 자세히 살펴보면 작은 점들을 볼 수 있다. 이 작은 점들 하나하나가 각자 다른 색을 내면서 마치 모자이크처럼 디스플레이에 화면을 만들어 낸다. 각각의 점들은 적색, 녹색, 청색 3가지 색의 '서브픽셀(subpixel)'이 모여 이루어진 것으로 이를 화소, 영어로 픽셀(pixel)이라고 한다. 우리가 이야기 하는 디스플레이 장치의 '해상도'는 보통 이 화소 개수가 얼마나 많은지를 나타낸다. 통상 말하는 풀—HD(full - high definition)급 LCD라면 1,920×1,080 해상도를 가리키는데, 이것은 픽셀이 가로로 1,920개가 나열된 줄이 다시 세로로 1,080줄이 있다는 것을 의미한다.

풀—HD급 LCD의 총 화소 숫자는 1,920×1,080 = 2,073,600개일테니 대략 2백만 개가 좀 넘는 숫자가 된다. 엄청나게 큰 숫자라고 할 수 있으며, 이 많은 화소를 유리 기판 위에 만들어 나가는 중에 조그마한 먼지라도 날아들어 불량 화소가 생기면 제품으로 만든 LCD를 판매할 때 가치가 크게 떨어지기 때문에 LCD 공장에선 최대한 깨끗한 시설과 불순물 없이 깨끗하게 정제된 원료를 사용하며, 방진복을 입은 작업자들이 행여 티끌이라도 묻을세라 조심스레 일하는 이유가 거기에 있다.

똑같이 풀—HD급 화질을 지닌 LCD가 2개 있는데, 하나는 모니터용 21인치*, 하나는 스마트폰용 5인치 LCD라고 하자. 어느 편이 공장에서 제조하기 어렵겠는가? 커다란 LCD보다 5인치 소형 LCD가 당연히 제조하기 어려운데, 이는 그만큼 정교한 기술이 필요하기 때문이다.

---

* LCD의 크기는 관용적으로 인치 수로 표시한다. LCD 화면의 대각선 길이를 인치 단위로 환산하여 표시한다.

동일한 인치의 제품에서는 해상도가 높을수록 화소의 사이즈는 작아지고, 화소의 개수는 많아지게 된다. 화소의 사이즈가 작을수록 이미지가 더 선명해 보이게 되는데, 이는 같은 대상을 30만 화소 카메라와 500만 화소 카메라로 촬영하여 출력했을 때 나타나는 화질의 차이와 비슷하게 생각하면 이해가 쉽다. 또한 LCD의 화소 개수가 많아지면 화면에 표현할 수 있는 정보의 양이 더 많아지게 된다.

그런데 5인치 LCD의 협소한 면적 내에 무려 2백만 개 화소를 집적시켜 넣으려면 LCD를 만드는 대부분의 공정에서 과거와는 차원이 다른 어려움이 연속해서 발생하게 된다. 단위 화소가 점유할 수 있는 공간이 극도로 축소되면서 화소가 듬성듬성할 때는 문제가 되지 않았던 분자 확산 문제와 같은 각종 양자역학적 문제가 나타나 한계 상황에 봉착하기 시작한다. 식각이나 화학 증착 기술 같은 공정도 훨씬 난이도가 높아지는 것은 물론이며, 생산 설비도 더욱 정교하게 제작된 제품을 사용해야 한다. 품질관리 또한 어려워져서 불량 화소 없이 정상적으로 동작하는 LCD의 수율*도 크게 떨어지게 되기가 쉽다.

한마디로 표현해 고해상도 소형 LCD를 상업적으로 생산하기 위해선 해결해야만 할 기술적인 문제가 산더미처럼 쌓이는 것이다. 해결 안하면 안되느냐고? 고해상도 소형 LCD 생산은 기술적으로 너무 어렵기 때문에 대만이나 중국 회사에서는 미처 따라오지 못하고 있기에 제품 판매 단가가 높아 이익이 많이 난다. 앞으로 풀—HD 스마트폰 시대나 1인 1태블릿 시대가 올 것으로 보이기 때문에 장기적인 시장 전망도 좋으니 기업 입장에서는 아무리 기술적으로 당장 어렵다고 해도 절대로 포기할 수

---

* 정상 동작하는 제품의 숫자를 생산된 총 LCD 제품 숫자로 나눈 것. 1에 근접할수록 좋은 것이다. 일반적으로 90%대 수율이라야 상업적으로 의미가 있다고 본다.

가 없는 것이다.

기술적 난관을 돌파하기 위해선 과감한 연구개발(R&D) 투자가 필수적이다. LCD 회사 현장에는 공장만 있는 것이 아니고 대규모 연구소와 거기서 일하는 수많은 연구원들이 있다. 공장의 생산 라인에 투입되는 근무자의 역할도 물론 중요하지만, 연구소에서 각자 자기가 담당한 해결해야 할 과제에 집중하여 낮과 밤을 잊은 채 연구에 몰두하는 연구원들의 노력이야말로 LCD의 고급화를 위해서 꼭 필요한 것이며 어찌보면 이들이야말로 회사의 핵심 인재라고 할 수 있다.

독자들은 앞으로 LCD를 볼 때마다 (눈으로 보이지는 않겠지만) 그 제품 속에 녹아 들어있을 엔지니어 및 연구원들의 땀과 노력을 느낄 수 있어야 할 것이다.

Size does matter!

오래전 영화 중에 〈고질라(godzilla)〉라는 영화가 있다. 원래는 일본 만화가 원작이었다고 하는데, 롤랜드 에머리히라는 감독이 만든 1998년작 SF 괴수 재난 영화이다. 잦은 핵실험으로 방사능이 퍼지자 남태평양 섬에 살고 있던 파충류의 DNA에 돌연변이가 일어나 고질라라는 괴물이 탄생하고 이 괴물이 뉴욕을 초토화시키면서 벌어지는 이야기로 기억된다. 돌연변이 파충류 괴물인 고질라의 특징은 그 엄청난 크기인데(이 절의 소제목인 Size does matter! - 크기가 바로 문제다! 라는 뜻 - 이 영화 포스터의 선전 문구였다), 생긴 모습은 파충류와 흡사하지만 뉴욕의 고층 빌딩과 맞먹는 덩치를 지니고 있으며 힘이 엄청나서 화가 나면 꼬리와 다리로 빌딩을 마구 때려 부수는 것으로 영화에 묘사된다.

그런데 과연 파충류가 현재의 생김새와 비슷하게 유지하면서 뉴욕의 고층 빌딩만한 크기로 변화하는 것이 가능할까? 여러분은 어떻게 생각하는지 궁금하다.

결론부터 말하자면 이유야 방사능에 의한 돌연변이든 뭐든 간에, 현재의 파충류 생김새를 대략 유지하면서 고질라처럼 거대한 크기로 변화하는 것은 불가능하다. 만약에 백배 양보해서 가능하다고 하더라도 그 고질라는 자기 몸조차 제대로 가누기가 힘들 것이며, 건물을 때려 부술 정도의 힘과 민첩성은 절대로 가질 수 없을 것이다. 왜냐하면 지구상의 모든 동물에게는 그 종의 신체 구조와 신진대사 등을 두루 감안할 때 적합한 크기 범위 및 한계가 명확히 존재하기 때문이다.

몸집이 큰 동물은 체중을 지탱하는 지지구조가 튼튼해야 하며, 활동으로 인해 높아진 체온을 효과적으로 식혀줄 수 있는 방법이 있어야만 생존이 가능하다. 예를 들어 (육상에서 가장 무거운 동물이라는) 코끼리의 다리가 굵은 이유, 그리고 더울 때는 피부에 축축한 진흙을 끼얹어가며 몸을 식혀주는 이유가 다 있는 것이며, 지구상에서 가장 덩치가 크고 무거운 동물인 고래가 물의 부력을 이용해 체중 부담을 덜 수 있고 몸을 냉각시키기에도 편리한 물 속으로 자의반타의반 이사가서 살고 있는 이유가 다 여기에 있다.

동물만 그런 것이 아니고 공업 제품에도 이런 원리는 적용된다. 일반적인 크기의 제품과 그 크기에서 많이 벗어난 제품이 있다고 할 때, 두 제품은 겉보기엔 비슷해 보일지라도 실제로 제작할 때는 동일한 방법이나 공정으로 만들지 못한다. 이는 시중에서 흔히 볼 수 있는 500mL짜리 조그만 유리 그릇과 500L들이 대형 미생물 배양용 유리 수조는 동일한 방식으로 만들 수 없음을 의미한다.

조그만 유리 그릇은 녹인 유리(molten glass)를 소량 형틀에 부어넣고 압력을 가하여 찍어 만들면 되며, 사이즈가 작기 때문에 유리 두께를 좀 얇게 해도 무난하다. 또한, 뜨거운 유리가 공기 중에서 서서히 식는 과정에서는 급격한 수축이 일어나므로 유리에 금이 갈 가능성이 있지만 전체적인 사이즈가 작으면 수축도 크지 않기 때문에 일반적으로 별 문제가 되지 않는다. 그러나 500L짜리 대형 유리 수조를 만든다면 갑자기 많은 문제가 발생한다. 일단, 수조 유리벽의 두께를 얼마로 해야 될 것인가 하는 것을 결정해야 한다. 500mL짜리 작은 유리 그릇이라면 유리 두께가 좀 얇아도 별 문제가 없지만 대형 수조의 경우에는 자체 무게만 해도 상당할뿐더러 수조 내부에 배양액을 채웠을 때의 총 무게를 견뎌내야 하기 때문에 제법 두껍게 제작을 해야 견딜 수가 있을 것이다.

그런데 또 문제가 발생한다. 유리가 두껍고 수조 크기가 크면 녹인 유리를 부어넣을 커다란 형틀을 제작하는 것도 만만치 않은 일이다. 그래도 어찌어찌해서 이 문제를 해결했다고 하자. 그 다음 닥치는 문제는 형틀에 녹인 유리를 부어넣는 과정에서 유리가 형틀에 고르게 퍼지게 하는 일이다. 고온의 녹은 유리가 형틀에 닿으면 바로 냉각이 시작되는데, 형틀의 크기가 크면 클수록 녹은 유리가 구석까지 침투하기 전에 굳어버릴 가능성이 높아지기 때문이다. 그렇다면 이 문제는 어떻게 해결하면 될까? 이 문제는 형틀 전체를 가열하여 골고루 달군 후 녹은 유리를 부어넣는 방법으로 해결할 수 있으며 필요하다면 형틀을 회전시켜 원심력으로 녹은 유리가 구석까지 잘 도달할 수 있게 도와주면 된다.

그런데 마지막 난제가 나타난다. 앞서 얘기했듯이 유리는 냉각되면서 조금씩 수축하는 성질을 가지고 있다는게 결정적인 문제이다. 대형 수조 무게를 지탱하기 위해선 유리 두께를 두껍게 사용해야 하는데, 유리가

두꺼울수록 뜨거운 유리가 식을 때 수축에 의한 변형이 크게 나타나며, 유리는 철강이나 플라스틱처럼 유연한 물질이 아니고 잘 깨지는 성질을 갖고 있어서 수축 변형을 견디지 못하고 깨어지게 된다는 점이다. 500L급 대형 수조를 만든다면 유리를 식히는 과정에서 이런 일이 99.9% 일어나리라고 장담할 수 있다. 그렇다면 이 문제는 과연 어떻게 극복해야 하는가?

발상의 전환

짐작컨대 수많은 선배 기술자들이 초대형 유리 수조를 성공적으로 만들기 위해 고민을 했을 것이며 그야말로 수없이 많은 방법을 강구해 실험을 해 보았을 것이다. 그러나 유리라는 물질의 물리적 특성을 감안하면, 전통적인 방법으로 초대형 유리 수조를 만드는 것은 '상업적으로'* 불가능하다. 한마디로, 발상의 전환이 필요한 것이다.

무게를 지탱하기 위해 유리가 두꺼워지니 문제가 되었다. 그렇다면 유리를 얇게 쓰면서 무게를 지탱시키는 방법이 없을까? 튼튼한 철판으로 수조를 만들고 수조 내부에 얇게 유리를 바르는 방법을 써보면 어떨까? 여기까지 발상이 전환되었다면 90%는 성공한 것이다.

실제로, 현대적인 대형 유리 용기는 'glass lining'이라 하여, 가정에서 간혹 쓰는 법랑(琺瑯) 식기와 같은 방식으로 제작한다. 금속 용기 표면에 유리 성분을 올리는 것이다. 녹은 유리를 고루 발라주는 방법도 있지만 더욱 일반적인 공법이라면, 고온으로 열처리하면 유리질로 화학 변화를 일으키는 조성의 성분을 금속 표면에 발라준 후 전체를 균일하게 구워 열처리하는 방식이다. 이런 방식이 사용되기 시작하면서 비로소 커다란 유리 용기를 적절한 가격으로 만들 수 있게 되었다. 유리 용기는 부식성이 있는 약품이나 살균제 및 염산이나 질산 같은 강한 산에 잘 견딜 수 있어서 무균적으로 관리하기 편하기 때문에 발효 공업용 발효조 또는 미생물 배양기 등의 용도로 본격적으로 사용할 수 있게 되었다. 또한 화학 공장에서, 화학적으로 반응성이 활발한 물질을 고온으로 수송할 필요가 있는 부분의 파이프나 반응 용기 등에는 지금도 내부에 유리로 라이닝한 부품을 많이 사용하고 있다.

---

* '상업적으로 불가능하다(not feasible)'는 뜻은 물리적으로 불가능하다는 뜻과는 다르다. 1,000개를 만들었을 때 1개 정도는 성공할 수 있다면 물리적으로는 가능한 것이지만 상업적으로는 불가능하다고 표현한다. 그 정도 수율로는 실익이 없기 때문이다. 달항아리 크기가 클수록 기하급수적으로 값비싸지는 이유를 생각해보라.

마이크로 결사대

'마이크로 결사대'라는 영화가 있다. 필자가 어렸을 때 보았던 기억이 있으니 아마도 1960년대 미국 영화인데*, 뇌경색으로 뇌사 상태에 빠진 사람의 목숨을 구하기 위하여 결사대(?)를 구성한 후 미생물처럼 아주 작은 사이즈로 축소시켜 혈관에 투입하여, 결사대가 뇌혈관까지 찾아가서 직접 혈전을 제거하고 몸 밖으로 탈출해 나오는 활약을 그린 영화이다.

50년 세월이 흘렀음에도 아직 현실적으로 실용화된 기술은 아니지만 기계공학 쪽에는 실제로 마이크로머신(micromachine)이라고 하여, 초소형 기계의 설계와 작동 원리, 제어 등에 대해서 연구하는 전공 분야가 있다. 그런데 기계를 초소형으로 만든다는 것은 과연 어떤 의미를 지니고 있는 것일까? 무턱대고 사이즈만 균일하게 줄여서 부품을 제작하고 조립하면 기능을 제대로 발휘하게 될까?

---

* 인터넷 검색을 해보니 영화 원제는 'fantastic voyage'이다. 번역한 제목이 나은 듯하다.

크기를 키우는 것 못지않게 크기를 줄이는 것도 다양한 새로운 문제를 야기하게 된다. 보통 크기였던 때는 아무 문제도 안되던 것이 갑자기 문제를 일으키는 경우가 여기저기서 생기게 되는 것이다. 대표적인 것이 마찰력인데, 부품이 작아지면 과거에는 크게 별 신경 쓰지 않고 설계하고 생산·조립해도 괜찮았던 부품 상호간의 마찰력이 갑자기 급격한 비율로 증가하게 된다. 첫 번째 이유는 부품 크기가 작아질수록 부품의 중량은 급격히 감소하지만 부품의 표면적은 그만큼 급격하게 감소하지 않기 때문에 마찰력의 중요성이 급증하기 때문이다.

두 번째 이유라면 모든 기계 부품은 아무리 매끈하게 가공하더라도 표면의 거칠기를 줄이는데는 한계가 있는데, 부품 크기가 작아지면 작아질수록 서로 맞닿는 마찰면의 거칠기가 상대적으로 커질 수밖에 없다는 것이다. 마찰면이 거칠면 두 면이 매끄럽게 활주하기가 힘들게 되며 윤활유를 뿌려주더라도 별 효과가 없고 오히려 윤활유를 밀어내는데 더 많은 에너지가 손실되는 경우마저 생기게 되는 것이다.

크기가 커질 때는 또 어떨까? 이해하기 쉽도록 톱니바퀴(gear) 부품의 예를 들기로 하겠다. 내가 하나 깎아서 제작할 톱니바퀴의 직경이 2배로 커진다면 그 톱니바퀴가 점유하는 면적은 대략 얼마로 증가할까? 면적은 길이의 제곱으로 증가하게 되니 4배가 된다. 그렇다면 그 톱니바퀴의 무게는 대략 어떻게 될까? 무게는 부피에 따라 결정되는 것이고 부피는 길이의 3제곱으로 증가하게 될테니 결국 톱니바퀴 무게는 8배로 증가하게 된다.

쉽게 이해가 되었다면 조금 더 어려운 것을 생각해보자. 톱니바퀴 주변의 공기가 갑자기 차가와진다고 가정할 때, 그 큰 톱니바퀴는 크기가 절반으로 작은 것보다 얼마나 더 느리게 냉각될까? 톱니바퀴가 냉각되

라면 1개 끓이는 것과 20개 한꺼번에 끓이는 것은 다르죠. 물 붓는 양, 면발 익히는 시간도 정밀 계산해야ㅆㅆ

가마솥에도 교수님이 계셨군요!

려면 열손실이 일어나야 할 것인데, 전도에 의한 열손실은 물체 표면에서만 일어나므로 표면적이 얼마나 되느냐 하는 것이 중요하다. 큰 톱니바퀴는 덩치는 작은 톱니바퀴보다 8배나 큰데 톱니바퀴의 표면적은 4배밖에 크지가 않기 때문에 결론적으로, 냉각 속도는 대략 작은 톱니바퀴의 절반이 된다. 덩치가 클수록 그만큼 잘 식지도 않으며 데워지지도 않는다는 것이다. 그러므로 톱니바퀴 딱 한개의 사이즈를 키우는 무척 단순한 과제의 경우에도 나중에 조립된 기계가 문제없이 동작하기 위해선 고려해야 되는 것이 제법 많을 수가 있다는 점을 이해해야 한다.

이처럼 공학적으로 볼 때, 길이, 부피, 무게, 표면적, 열전달, 물질 전달, 마찰력, 운동량, 운동 에너지 등등의 각종 물리량끼리는 서로 비례하는 것, 반비례하는 것, 비례하더라도 크기의 1승에 비례하는 것, 제곱에 비례하는 것, 3제곱에 비례하는 것 등등 아주 다양하다. 예컨대 시속 100km로 달리는 자동차가 갖고 있는 운동 에너지*는 절반 속도인 시속

---

* 달리는 물체의 운동 에너지는 속력의 제곱에 비례한다. ($E_k = 1/2mv^2$)

50km로 달리는 자동차의 운동 에너지의 2배가 아니고 4배이다. 그렇다면 이 자동차가 브레이크를 밟아 갑자기 정지하기 위해서 필요한 제동거리는 어떻게 될까?

속력이 두 배이니 제동 거리도 두 배일 것이라고 단순히 대답하는 경우가 많을 것 같으나 물론 그렇지 않다. 4배 많은 운동 에너지를 도로면과의 마찰로 소진하면서 자동차가 정지하기 위해선 4배의 제동거리가 요구되는 것이 당연하다. 그리고 만약에 자동차가 속력뿐만 아니라 무게도 2배쯤 무거운 차라면? 운동에너지는 8배나 되므로 제동거리는 8배로 훨씬 더 늘어난다. 독자는 고속도로에서 과속이 얼마나 위험한지를 느낄 수 있을 것이며, 만약에 짐을 가득 실은 무거운 대형 트럭이 과속하다가 급제동하면 수백 미터를 미끄러져 나가야만(물론 그 과정에서 차의 자세가 온전하긴 힘들다. 거의 뒤집히게 마련이다) 간신히 정지할 수 있는 이유를 이해할 수 있을 것이다.

이처럼 이런 물리량들이 서로 연관될 때 그들간의 상호 작용에 대하여

이치를 이해하는 것이 공학 공부의 가장 기본이자 가장 중요한 포인트라고 말할 수 있다. 이런 것은 공식만을 암기해서 해결되는 것이 아니며 스스로 시간적 여유를 갖고 공식의 의미를 되새겨 보고 공식과 관련된 예제를 반복하여 풀고 음미해야만 제대로 학습이 되는 것인데, 공부를 못하는 학생일수록 공식에만 집착하고 속전속결, 암기로만 해결하려는 경향이 있다. 요컨대 공업에 있어서는 오직 기본에 충실한 공부만이 응용력을 제공해 주는 것이므로 차분하게 기본 공식의 의미와 거기 숨어 있는 이치를 이해하도록 하는 습관을 가져야 한다.

KTX에 숨어 있는 기술 – 위대한 시행착오

KTX 열차를 타보았을 것이다. 서울과 부산 사이 거리는 약 400km 정도가 되는데, 과거에는 최고 빠르다는 새마을호 열차를 타고서도 4시간 넘게 시간이 걸렸다. 서울에서 출발하여 부산에서 잠깐 일을 보고 서울로 돌아오면 하루가 금세 지나갔다. 그런데 지금은 KTX 덕분에 (운임이 좀 비싸긴 하지만) 서울과 부산 사이를 2시간 약간 넘는 짧은 시간에 이동할 수가 있으니 참으로 편리한 세상이 되었다.

KTX는 본래 프랑스 고속 철도인 TGV 시스템을 기술 도입하여 건설된 것인데, 처음 사업에 착수하고 토목 공사를 하던 초창기에는 우리 기술자들의 실력이 달려서 콧대 높은 프랑스 기술자들에게 무시당하기도 하는 등 어려움이 많았다고 한다. 지금은 우리나라 자체 기술력이 발전해서, 프랑스와의 기술 이전 계약상 손대서는 안되는 일부 원천 기술 부분을 제외한 거의 모든 부분은 우리 기술자들 스스로의 능력으로 해결하고 있다. 고속 철도 차량도 현대로템이란 국내 기업에서 자체 제작하고 있으며 KTX 운전 및 정비 기술도 워낙 좋아서 큰 사고가 난 적도 아직 없다.

일반인들이 보기에는, 일반 열차와 KTX 열차는 그 속력 외에는 별로 다른 것이 없어 보인다. 일반 열차는 대략 시속 100km, KTX 열차는 시속 350km 정도의 속력으로 달리는 셈인데 그까짓 차이가 뭐 대단하냐는 생각을 할 수도 있을 법하다. 일반 열차를 개조해서 기관차 바퀴가 더 빨리 회전하도록 기관차 출력을 키우고 변속 장치를 손보면 금세 고속 열차를 만들 수 있는 것 아니냐 하는 생각이 드는 것도 무리가 아니다. 실제로 과거 고속 철도 연구 개발의 역사를 살펴보면 그러한 단순한 생각에서부터 출발하여 더 빠른 속력의 열차를 개발해 보려는 수많은 시도가 있었고, 젊고 패기 있는 기술자들은 도전적으로 기록 경신에 매달리곤 했다. 본인의 기술적 아이디어를 구체화 하여 새로운 시(試)제품 열차 제작을 시도하고 실험하면서 그런 과정에서 연속해서 예상하지 못한 어려움과 맞닥뜨리곤 했다. 수많은 실패를 맛보면서도 결국은 그러한 실패의 교훈을 바탕으로 하여 현재의 고속 철도 기술이 완성된 것이다.

이것이 소위 '시행착오(trial-and-error)'인데, 즉 실제로 해보고(try) 거기서 문제(error)가 발견되면 머리를 맞대고 아이디어를 짜내어 수정한 후 다시 또 실험해 보는……. 이러한 일련의 과정을 일컬어 시행착오라 한다. 사회에선 시행착오라는 말이 마치 '안 해봐도 될 일을 쓸데 없이 해본다'는 식으로 조금 안좋은 함의(含意)로 쓰이는 것 같은데, 사실 공학에서는 이 시행착오라는 개념 자체가 모든 기술 개발 방법 가운데 가장 원초적이고 본질적 측면을 담고 있는 말이라고 봐야 할 것이다. 그림을 그려 본다든지 수학적 모델을 세우고 컴퓨터로 시뮬레이션(simulation)하

는 것처럼 비용이 덜 들고 간편한 방법이야 많이 있겠지만, 아무래도 실제로 해보는 것이 가장 확실하기 때문이다. 실제로 경험 많고 노련한 공업인일수록 애매한 말보다는 실험을 통해 나온 명확한 숫자를 신뢰하는 것이 몸에 배어 있으며, 사소한 이상 현상도 쉽게 무시하지 않는 습관이 있다. 누구에게나 있을 수 있는 지레짐작이나 개인적 선입관이야말로 훗날 큰 사고를 일으키게 만드는 가장 무서운 존재라는 것을 경험을 통하여 아는 것이다.

고속 철도 개발 과정에서 만나게 된 최초의 문제는, 기차의 속력을 150km/h 이상으로 키우면 열차 바퀴와 레일 사이의 마찰력이 갑자기 감소하면서 열차의 접지력이 떨어지게 된다는 문제였다. 무작정 기관차 바퀴를 빨리 돌린다고 해서 고속 철도가 되는게 아니라는 뜻인데, 이런 문제를 해결하기 위해서 기술자들은 거듭된 시행착오를 통해 열차의 공기 역학적인 형태 개선이 필요하다는 것을 알게 되었다. 즉, 열차의 전체적인 형상을 유선형으로 하는 것은 기본이고, 일부 스포츠 카(sports car) 후미에 달기도 하는 리어 스포일러(rear spoiler)처럼 열차 속도가 증가하면 열차의 아래쪽으로 작용하는 공기 역학적 힘이 증가하도록 도와주는 기구를 추가하여 설계를 개선한 것이다. 또한 기관차를 따로 두어 기관차 하나가 모든 객차를 견인하는 방식보다 열차 맨 앞과 맨 뒤, 그리고 열차 중간에 각각 구동력을 가진 차량을 분산 배치하는 것이 고속 운전 시 접지력 향상에 도움이 된다는 것을 알게 되었다.

그 다음에 봉착한 난제는 터널이었다. 기차는 자동차처럼 급하게 커브를 돌 수가 없으므로 산이 가로막혀 있는 곳이면 터널을 뚫어 그리로 통과하게 건설하는 편이 유리하며, 고속 철도는 일반 철도보다 더 빠른 속력으로 운전되기 때문에 더욱 더 많은 터널 구간을 필요로 한다. 그런데 고속으로 달리던 열차가 터널에 진입하는 순간에는 터널 입구 부분에 열차 앞부분이 밀어붙인 공기층이 쌓이면서 그 결과 열차에 큰 충격을 준다는 사실을 알게 된 것이다. 또한 고속으로 터널을 빠져나올 때도 열차 속도 때문에 터널 내에 일종의 진공이 순간적으로 발생하게 되어 역시 열차에 충격을 주곤 했다. 게다가 이 충격은 객실 내의 기압이 갑자기 급변하는 현상도 수반했기 때문에 잘못하면 열려 있는 차창으로 사람이 빨려나갈 우려도 있는 등 도저히 승객이 참고 견딜만한 수준이 아니었으며, 이러한 충격이 누적되는 경우 열차의 힘을 받는 구조 부분에 피로가 쌓여 일시에 파괴될 가능성이 급증하므로 안전에 결정적인 문제가 될 수밖에 없었다. 이 난제를 어떻게 하면 해결할 수 있을까?

물론 터널을 굴착하는 단면을 크게 키우면 해결이 되기는 한다. 터널을 훨씬 크게 뚫으면 된다는 얘기다. 그러나 터널 굴착 단면을 키우는 것

은 터널을 뚫는데 드는 토목 공사 비용이 기하급수적으로 늘어나는 것을 의미한다. 그래서 이건 해결책이라고 할 수가 없는 것이다. 결국 기술자들은 풍동(wind tunnel)*에서 수없이 많은 실험을 거쳐, 터널 입구와 출구에 가까운 부분에 설치하여 급격한 공기 흐름 발생을 보상하고 조절할 수 있는 보조 설비를 개발했으며 열차 차량에도 급격한 기압 변화를 안정화 시킬 수 있는 특별한 설비를 갖추어 문제를 해결했다.

이것만으로 문제가 해결된 것은 아니다. 더 미묘한 문제가 발생하는데 이것은 인간 시각의 인식 한계와도 관계가 있어서 훨씬 더 해결하기 까다로운 문제이다. 고속 열차가 빠른 속력으로 진행할 때는 구식으로 천천히 운행하던 과거의 열차 시스템에선 아무 문제 없이 사용했던 열차

---

* 운동하는 물체 주변의 유체(보통은 물이나 공기) 흐름을 연구하기 위하여 만드는 실험용 모의 터널. 비행기나 고속 열차, 선박 등의 연구 개발에 많이 활용된다.

신호들이 기관사의 잘 눈에 띄지 않게 되며 그 결과 기관사는 판단 오류에 빠지게 되기 쉽다는 것이며, 이를 해결하기 위해서는 열차의 신호 체계가 과거의 체계와 달라져야만 한다는 것을 깨닫게 된 것이다. 주지하다시피 열차란 승용차처럼 기관사 혼자 힘으로만 운전하는 것이 아니라 운행을 관제하는 중앙 통제소에서 기본적으로 운행을 통제하며, 기관사와 중앙 통제소는 일정한 신호 체계를 통하여 주기적으로 연락을 취해 철로 상황, 앞 열차와의 거리 등 다양한 안전 관련 내용을 소통해야 하도록 되어 있다. 그래서 열차 운행에는 열차 시대 초창기부터 개발되고 체계화되어 사용되어 온 여러 형상, 색채, 부호로 구성된 철도 신호 체계가 존재하고 있는데, 기본적으로 이런 신호는 기관사가 열차가 달리고 있는 중에 차창 밖을 주시하면서 시각적으로 감지해야 한다.

그런데 열차가 고속화될수록 철로에 설치한 신호 표지는 금세 휙 지나쳐 가게 된다. 기관사가 순간적으로 잠깐 졸기라도 하면 중요한 신호 표지를 포착하지 못할 수 있다는 것이다. 게다가 인간의 시각은 고속으로 운전할수록 시야가 좁아지게 되어 있으며 사물에 명확하게 초점을 맞추어 관찰하기 힘들어진다. 어려운 말로 표현하자면 인간의 동체 시력(動體視力)은 그리 좋지가 않다는 것인데, 하늘을 나는 매의 눈은 자기 스스로 고속으로 움직이면서도 땅 위에서 움직이는 들쥐를 정확히 포착할 수 있는데 비해서 사람의 눈은 움직이는 물체를 그렇게 정확하게 포착할 수가 없다.

결국, 고속 철도의 신호 시스템에 대대적인 개혁이 진행되었다. 신호 표지가 고속 주행시에도 쉽게 판별 가능하도록 크고 멀리서도 더 뚜렷하게 보이도록 개량하였고 철로변에 표지를 설치하는 위치도 다양한 환경 요인을 더 많이 고려하여 바꾸게 되었으며 기관사와 중앙 통제소간의 무선 통신 설비도 획기적으로 개선하게 되었다. 그러나 여전히 문제가 해결되지는 않았다. 신호 표지판 개량이나 무선 통신 개선 정도의 처방만으로는 고속 철도 운행상의 안전을 확보하기에 충분하지 않다는 점이 뚜렷해진 것이다. 쉬운 예를 들자면 시속 350km로 달리는 고속 열차에서 충돌 사고가 난다면 시속 100km인 경우에 비해 사고가 났을 때 소진되어야 하는 한쪽 열차의 운동 에너지가 $3.5^2 = 12.25$ 즉, 기본적으로 12배가 넘기 때문에* 충돌이나 추락, 탈선 같은 심각한 사고가 났을 때의 피해 상황은 과거의 열차 사고에서 상상할 수 있는 수준을 초월한다는 것이다.

이러한 문제를 해결하기 위한 각고의 연구 끝에 기술자들은 결국에 가서는 철도 운행 시스템의 기본 개념을 혁신하는데까지 도달하게 되었다.

---

* 만약에 풀 스피드로 달리던 두 고속 열차가 정면 충돌한다면, 충돌로 소진될 운동에너지는 다시 2배 커진다. 고속 철도는 큰 사고가 드물지만 만약 큰 사고가 난다면 일반 열차에 비해 사고시 참상이 심각할 것이라는 점을 이해할 수 있을 것이다.

이는 열차 운행의 중앙 집중 통제 시스템을 말한다. 인간이 가진 시각의 한계 및 판단력과 임기응변 능력의 한계를 지닐 수밖에 없는 기관사에게 운전의 주요 업무를 맡기고 의존하던 과거의 시스템을 버리고, 20세기 후반 들어 엄청나게 발달한 무선 및 데이터 통신 기술을 활용하여 중앙 통제실에서 출발과 가속, 감속, 열차 간격 유지 등 열차 운행의 핵심적인 요소를 관장·제어하고 기관사는 차량 문 개폐, 조명과 공조 등 차량 내부 관리, 선로 상태 확인 등과 같은 비교적 단순한 업무에만 종사하도록 하는 개념의 대전환이 이루어졌다. 극단적으로 말하자면 기관사가 잠자 거나 심지어는 없더라도 기차가 정상적으로 운행될 수 있게 된 것이다.

현대적인 고속 철도 중앙 통제실에는 거대한 스크린 상에 철도 노선의 모든 열차가 표시되며, 운행 중인 열차의 위치, 속력 및 기타 필요한 모든 변수가 실시간(real-time)으로 기록되고 제어되는 대형 컴퓨터 시스템에 비유할 수 있다. 기관사가 맡는 역할은 과거에 비하여 크게 줄어들었으며, 여전히 기계로 하기 곤란한 정성적인 업무나 모든 통신 설비가 작동하지 않는 비상 상황이 닥쳤을 때 대응하는 정도의 역할로 축소되었다.

이렇듯, 고속 철도의 개발 과정에서 끊임없이 생겨난 다양한 '시행착오' 및 그런 시행착오를 거쳐 해결 방안을 모색하며 기술을 개량해온 과정을 한번 살펴보았다. 시행착오라 하여 괜히 헛고생을 하는 것이 결코 아니며, 의미 없이 반복하는 횟수만 효과적으로 줄일 수 있다면 이 시행착오야말로 공업의 세계에선 모든 기술 개발 방법 가운데 가장 본질적 측면을 담고 있는 방법임을 반드시 기억해 주기 바란다.

엔지니어의 한계 – 후쿠시마 원전 사고

2011년 3월 11일, 비극적인 동(東)일본 대지진이 일어난지 벌써 4년 세월이 흘렀다. 독자도 당시의 뉴스 영상이 아직 기억에 생생할 듯하다. 일본 열도의 가장 큰 혼슈 섬 북동쪽 해저에서 일어난 진도 8.9의 강력한 해저 지진으로 인해 강력한 쓰나미가 육지로 밀려왔으며 진원에서 제일 가까운 지역인 일본 미야기, 후쿠시마, 이바라키 3개 현에서는 사망 및 실종자 2만 명, 이주자 33만 명이라는 엄청난 피해를 입었다.

그런데 지진과 쓰나미만으로도 피해가 컸지만 더욱 심각한 문제는 그 후에 발생했다. 후쿠시마 현 해안에 위치한 원자력 발전소들이 쓰나미로 침수되면서 단번에 작동 불능 상태에 빠진 것인데, 미리 대비된대로 원자로 내부의 핵연료 연쇄 반응은 즉시 중단되었다. 그러나 이것으로 해결된 것이 아니었다. 비록 연쇄 반응이 중단되더라도 핵연료에 포함된 우라늄235 외의 다른 핵물질 붕괴 반응은 계속 진행되기 때문에 정상적인 원자로라면 붕괴열이 축적되기 이전에 붕괴열을 식혀주는 소위 '비상 노심 냉각 장치'가 작동했어야 한다. 그러나 후쿠시마 제1 원전의 경우 쓰나미로 원전 제어 계통 전체가 심각하게 침수되면서 보조 발전기를 비롯한 모든 제어 기능이 멈춰버리는 바람에 원자로 내부에 계속 붕괴열이 축적되었고, 결국에는 원자로 내부가 엿가락처럼 녹아 내리는 소위 '노심 용융(爐心 熔融 ; melt-down)' 현상이 발생한 것이다. 용융된 노심은 콘크리트 격납 용기 일부를 녹여 파손시켰고 용기 내 수분과 반응하여 수소가 발생하였으며 이 수소로 인한 수소 폭발과 화재로 격납 용기 파손은 더욱 심해지는 등 꼬리에 꼬리를 물고 사고는 확대되었다. 결국 강한

방사능으로 오염된 다량의 1차 냉각수가 주변 바다로 유출되었으며 수소 폭발과 화재로 인한 방사능을 띤 먼지*는 바람을 타고 주변으로 넓게 확산되었다.

현재 후쿠시마 제1 원전 주변의 반경 30km 지역은 일체의 출입이 금지되고 있으며 원주민들은 전부 이주하여 그야말로 죽음의 지대가 되어버린 상황이다. 바다로 흘러 들어간 원전 오염수는 후쿠시마 인근 바다를 광범위하게 오염시켰으며 근해에서 잡은 물고기에서는 허용치를 수십배까지 크게 초과하는 방사성 핵종(Cs137, Sr90 등)이 검출되어 어업과 식용이 금지되고 있다.

일본은 유난히 자연 재해가 많은 나라이다. 게다가 환태평양 화산대에 속해 있고 태평양과의 경계면에서 지각 운동이 활발하여 지진이 잦은 나라이기도 하다. 그래서 국민과 정부, 기업 모두가 항상 자연 재해에 대비하는 자세를 갖고 있는 편이다. 예컨대 우리나라 같으면 수십명이 사

---

* 일반적으로 '방사능 낙진'이라고 한다.

망할 정도로 아주 센 태풍이 불어와도 일본에서는 고작 서너명 정도밖엔 사망하지 않을 정도로 대비 태세가 훌륭한 나라가 아닌가. 지진이나 쓰나미에 대해서도 다르지 않다. 그럼에도 불구하고 2011년 동일본 대지진과 그에 따른 쓰나미는 공업인들이 인류의 최고 지식을 집중하여 돈을 아끼지 않고 개발한 최고의 창조물이라는 원자력 발전소를 단번에 생지옥으로 만들어 버렸다. 지진과 쓰나미가 잦은 일본이고 원전이 해안에 건설된 것이니 대규모 쓰나미에 나름 충분히 대비했을텐데도 이렇게 허무하게 무너진 이유는 무엇일까? 아마도 일본 원전 관련 기관이 안전을 장담하며 작성했던 아래 글에서 힌트를 찾을 수 있을 것이다.

> 일본에서는 원자로, 특히 원자력 발전소는 바닷물을 2차 냉각수로 사용하기 때문에 해안 지대에 위치하고 있다. 이때문에 자연 현상으로서는 지진과 해일이 특히 중요하며, 그 밖에 태풍도 고려하고 있다. 지진에 대해서는 우선 부지 주변의 지질이나 지반을 신중히 검토한다. 또한 중요한 시설 바로 아래는 물론 인근에도 활성단층(현재 지진원이거나 지진 시에 지층의 이동이 일어날 가능성이 있는 단층) 등이 없는 지점을 선택한다. 이를 위하여 보링 조사, 시굴갱 또는 트렌치 굴삭, 탄성파 시험 등 다양한 시험을 통해 입지점이 최적임을 확인한다. **해일에 대해서는 해안 부근의 상황에 따라 피해 정도가 아주 다르지만, 전반적 지형과 역사상의 기록 등을 참조하여 생각되는 가장 큰 해일에서도 시설이 물에 침수되지 않도록 고려한다.** *

분명히 엔지니어들은 쓰나미가 원전에 문제를 일으킬 수 있음을 알고 있었으며, 충분한 안전상의 고려를 하여 원전을 건설한 것이 사실이

---

* 일본원자력문화진흥재단 편, 심기보 역, 《원자력 발전》, 한국원자력문화재단(2000), p. 74

었다. 쓰나미가 덮쳐오는 상황을 가상하여 그 파도를 막아줄 수 있는 두터운 방호벽을 해안에 축조하였으며, 과거 역사상에 기록된 재해 사례를 전부 참조하여 방호벽의 높이를 9m로 결정하였던 것이다. 그 정도 높이라면 충분히 여유가 있다고 여겼을 것이다. 그런데 동일본 대지진 당시 해안으로 밀어닥친 쓰나미의 최고 높이는 얼마였을까? 해안 지형에 따라 달랐지만 최고 높이는 무려 30m가 넘었으며 후쿠시마 제1 원전 인근에서도 10m를 훨씬 넘었던 것으로 알려지고 있으니 9m 높이의 방호벽은 이런 역사적인 천재지변에서는 실제로는 무용지물이었던 셈이다.

일본은 지진, 해일, 태풍을 비롯한 자연 재해에 늘 대비하는게 온 국민이 초등학교 때부터의 반복 교육으로 습관화 되어 있는 나라이다. 게다가 국민성 자체가 참으로 꼼꼼하고 야무진데가 있어서 작은 건물 하나를 짓더라도 (예전 1960-70년대 우리나라처럼?) 어설프게 대충 만드는 일은 거의 없는 나라이다. 원전에서 큰 사고가 나면 방사능이 누출되고 국토가 초토화될 수 있다는 사실에 대해 모르는 사람이 없는데, 그럼에도 불

구하고 일본 기술자들이 부실하게 공사를 했다고 보기는 힘들다는 말이다. 기술자들은 나름대로 최선을 다해 원전을 설계하고 규정대로 시공하고 운전하였는데도 불구하고 이번 후쿠시마 원전 참사와 같은 대형 사고가 일어나고 말았다는 사실은 많은 점을 시사해준다. 첫째, 인간의 예상은 언제고 빗나갈 수 있으며 공학적으로 아무리 많은 주의를 기울여 설계를 하더라도 궁극적으로는 마찬가지일 수 있다는 점이다. 두 번째, 원전이란 정상적으로 잘 돌아갈 때는 값싸고 편리한 에너지원이지만 방사능이 주변에 누출되는 대형 사고가 생겼을 때 발생하는 각종 사회적 손실 및 복구 비용은 실로 엄청나기 때문에* 원전처럼 가늠하기 곤란한 본질적 위험성을 갖고 있는 설비의 경제성에 대해서는 일반적인 경제성 평가 기준과 다른 기준을 적용해야 한다는 점이다.

인류 문명의 역사는 길게 잡아도 5천년에 미치지 못한다. 눈부시게 발전한 것 같아도 인간의 힘은 여전히 유한하며 자연의 거대한 힘을 거스르지 못한다. 인간이 교만에 빠질 때마다 자연은 꼭 인간의 교만을 응징하곤 했다. 자연에 대한 이해가 얕은 인문·상경계 전공자야 그럴 수 있다 치더라도, 인간과 아울러 자연을 깊이 있게 이해하는 공업인이야말로 이러한 교만에 빠져선 안된다는 점을 강조해 둔다.

---

* 일반적으로 원전의 경제성을 논할 때, 방사성 폐기물 처리 비용과 사고 처리 비용을 따지지 않는 경우가 많다. 원전이 가동되면서 생겨나는 각종 방사성 폐기물은 자연과 격리시킨 채 수천~수만년의 저장이 필요한데, 기술적으로 가능하냐 하는 점도 문제려니와 여기에 드는 비용은 따지기 어려울 정도로 막대할 수 있다. 또한 미국의 드리마일 사고, 구소련의 체르노빌 사고, 이번 후쿠시마 사고 같은 대형 사고의 경우 사고 처리 및 복구 비용은 제대로 산정하기조차 힘들 정도로 막대하다. 이런 비용을 다 고려한다면 원전이 값싸고 편리한 에너지원이란 주장을 그대로 믿기란 힘들다고 하겠다.

첨단 기술과 극한 기술

언론에는 첨단 기술이라는 말이 자주 등장한다. 새롭고 신선하며 조금 자극적이기도 한, 소위 '뉴스 거리'가 될만한 내용을 체질적으로 선호하는게 언론의 속성이기 때문에 언론에는 예컨대 유도 만능 줄기 세포, 그래핀*, 유기 박막 태양 전지, 옥타코어(octacore) CPU 같은 폼나고 최근 유행**하는 최신 기술, 그리고 그 최신 기술에 종사하는 연구원만 '첨단 기술'로 소개되곤 한다. 그런데 최신 기술만이 반드시 첨단 기술일까? 그 것은 그렇지가 않다. 첨단 기술은 구(舊)기술의 영역에도 여기저기 숨어 있는 것임을 알아야 한다.

예컨대, 의류나 이불솜 등의 소재를 만들어 내는 섬유업은 일반적으로 구기술이라고 알고 있지만 거기에도 각종의 다양한 기능성 섬유를 만들어내기 위한 첨단 기술의 영역이 있다. 중공사(中空絲 ; hollow fiber)라 하여 섬유 필라멘트 한가운데에 구멍을 뚫어 뽑아낸 합성 섬유는 단열성이 높고, 구멍 부분을 어떤 물질을 첨가하여 어떻게 처리하느냐에 따라 아주 다양하고 독특한 특성을 갖게 만들 수가 있기 때문에 첨단 기술

---

* 그래핀(graphene)은 한겹으로 된 탄소 원자 막으로서, 원자들이 6각형 벌집 구조로 결합된 나노 소재이다. 두께가 탄소 원자 하나(0.35nm)에 불과하니 세상에서 가장 얇은 물질이지만 강도는 강철의 200배쯤 되는데다, 전자 이동도가 실리콘보다 140배, 열전도가 구리의 100배나 되는 등 다양한 물리적, 전기적 특성을 갖고 있어서 향후 다양한 산업 분야에서 활용이 가능한 '꿈의 소재'가 될 가능성이 커서 금세기 초 최고의 인기 연구 주제가 되고 있다.

** 연구에도 유행이 있음은 숨길 수 없는 사실이다. 어쩌면 사회의 패션 유행 같은 것보다 더 심할 때도 있다. 저자가 전공한 화공 분야에선 1970년대는 고분자, 80년대는 전산 모사(computer simulation), 90년대에는 생물화학, 2000년대는 2차 전지나 OLED 등을 포괄하는 전자재료학이 연구 유행을 탔다. 유행에 편승하면 연구비가 넉넉해지며 많은 제자가 몰리는건 사회에서의 유행과 마찬가지일 듯하다.

이라 말해도 전혀 손색이 없다. 또 흔히 방수 등산 재킷 소재로 사용되는 '고어텍스(Goretex)'라는 상품명을 많이 들어 보았을 것인데, 이 고어텍스는 합성 섬유 직물 표면에 수증기는 빠져나가지만 물방울은 통과할 수 없는 절묘한 크기의 세공(pore)이 많이 존재하도록 특수 가공한, 일종의 기능성 첨단 소재라고 말할 수 있다. 요는 오래된 산업 영역이고 대표적인 구기술이라고 치부되는 섬유업에도 이처럼 첨단 기술의 영역은 많이 있다는 것이다. 첨단 기술이란 것은 "스마트폰 기술은 전부 첨단 기술"이라는 식으로 미리 딱지가 따로 붙어 있는 것이 아니라, 어느 기술이든지 아주 깊숙이 들어가면 첨단 기술에 도달하는 것임을 잊어선 안된다.

첨단 기술과 조금 다른 개념으로 극한 기술이라는 것이 있다. 극한 기술은 우리가 생활하는 일반적인 환경이 아니라 극히 열악한 환경, 예를 들어 초고온, 초저온, 진공, 초고압, 초고속, 강한 자외선 등과 같은 환경에서 제대로 구현될 수 있게 해주는 기술을 말한다. 극한 기술을 설명하기 위해, 거듭된 실패를 바탕으로 최근 성공적으로 발사되어, 로켓에 탑재한 인공위성이 지구 주위를 돌게 만들어준 나로호 발사체의 예를 들어보기로 하자.

물리학에서, 지구 밖으로 던져진 물체가 지구 중력을 이기고 인공위성이 될 수 있는 최소한의 속도*는 초속 7.9km이다. 그런데 초속 7.9km란 속도는 1초에 0.34km 정도인 음속(音速)의 20배가 훨씬 넘는 빠른 속도이고, 높은 하늘엔 산소도 희박하기 때문에 이런 속도가 가능하도록 큰 힘을 내려면 보통 엔진으론 불가능하고 로켓을 사용하는 것이 유일한

---

* "제1 우주 속도"라 한다. 초속 7.9km 이상 속도로 지평선 방향으로 던져진 물체는 다시 땅에 떨어지지 않고 지구 주변을 반복하여 돌게 된다. 실제로는 공기의 저항 때문에 속도가 감소하여 땅에 떨어지는데, 이때문에 인공위성은 대기권을 최대한 벗어난 고도에서 선회하도록 발사한다.

방법이다.

로켓에는 대량의 연료를 실으며, 또한 대기권 밖에는 산소가 전혀 없으므로 산소 없이도 연료를 연소시킬 수 있도록 산화제를 함께 싣게 된다.* 산화제로 많이 쓰이는 것은 산소를 차갑게 냉각해 액화시킨 액체 산소이다. 그런데 액체 산소는 매우 차가와서 −183℃에 달하는데, 일반적으로 철이나 알루미늄을 비롯한 거의 모든 금속은 이처럼 아주 차가운 온도에선 강도가 급격히 떨어지거나 부스러져 버리기 때문에 보통의 금속을 쓸 수가 없다. 따라서 액체 산소를 담아놓는 산화제 탱크와 로켓 엔진까지의 액체 산소 배관, 엔진 연소실 앞부분 등을 제작하는데는 금속 기술자들이 특별히 연구하여 배합·제조하고 열처리한 합금 재료를 사용해야 한다. 이러한 특수한 합금을 개발하는 일 자체가 결코 기술적으로 쉬운 과제가 아님은 물론이다.

게다가 로켓에는 로켓 자체 무게(自重)를 최대한 줄여야만 하는 어려운 과제가 남아 있다. 로켓이 초속 7.9km 이상으로 가속되려면 로켓 엔진의 추진력에 한계가 있는 이상 아래 뉴튼의 운동 법칙에 따라 로켓 무게 m을 최대한 줄여야 가속도 a를 늘릴 수 있기 때문이다.

$$F = m\,a$$

(여기서 F = 로켓 엔진의 추진력, a = 로켓의 가속도, m = 로켓의 전체 질량)

그런데 로켓에 탑재되어 발사 후 연소하면서 추진력을 내는 역할을 해

---

* '고체 연료 로켓'이라 하여, 연료와 산화제를 겸하는 화약 계통의 물질인 고체 추진제를 사용하는 로켓도 있다. 발사 직전에 액체 연료 로켓처럼 산화제를 주입할 필요가 없는 등 취급하기 편하기 때문에 미사일 추진체 용도로 많이 사용한다.

야 하는 수백 톤의 연료와 산화제의 양을 줄일 수야 없는 노릇이며 우주로 실어 보낼 인공위성의 무게를 줄이는데도 뚜렷한 한계가 있다. 따라서 로켓의 몸체와 연료 탱크, 산화제 탱크, 엔진 부품처럼 무게를 줄일 여지가 있는 금속 부분의 무게를 최대한 가볍게 만드는 것이 대단히 중요하다. 그러나 이런 부분은 로켓의 핵심부이고 가볍게 만들더라도 기능상에는 아무런 문제가 없어야만 한다. 그래서 해결책은, ①가능한 한 얇은 쇠붙이를 써서 무게를 줄이고 ②철처럼 무거운 금속을 쓰는 대신에 알루미늄, 마그네슘, 티타늄, 베릴륨 같은 가벼운 금속 위주로 배합·제조한 경합금으로 제작하며 ③비록 겉모습은 얇고 휘청거려 보일지라도 로켓 몸체에 작용하는 각종 힘과 발사 시 걸리는 엄청난 가속도를 충분히 견뎌낼 수 있을 만한 강도를 유지할 수 있게 구조를 최대한 합리적이고 정교하게 설계하여 제작해야 한다. 심지어 페인트 무게까지 절감하기 위하여, 꼭 필요한 부분 외에는 로켓 외부에 페인트 칠도 하지 않는게 일반적이다.

나로호 1단 로켓 부분의 주요 외장 금속판은 0.3mm 두께에 불과한 특수 알루미늄 합금으로 제작하여 무게를 최대한으로 줄였으며, 손으로 누르면 휘청거릴 정도로 얇은 판을 쓴 탓에 거의 단열도 되지 않아 로켓에 탑재한 산화제인 액체 산소의 냉기(-183℃) 때문에 공기 중의 수분이 얼어 표면에 곧바로 서리가 덮일 정도이다. 어찌보면 우주로 거세게 날아오를 로켓 답지 않게 외관상 매우 약해 보인다. 그러나 로켓 내부에는 마치 인체의 갈비뼈처럼 원통 이쪽 저쪽으로 서로 가로지르며 강도를 유지해주기 위한 정교한 버팀 구조물이 배열되어 있어서, 실제로는 로켓으로 사용되기에 딱 적합한 만큼의 강도를 유지하게 되어 있다.

튼튼함에 여유가 있게 만드는 것은 쉽다. 두터운 재료를 넉넉히 쓰면

되기 때문이다. 예를 들어 강의실 의자는 1명만 앉는 용도로 제작하지만 만약에 2명이 함께 앉는다고 해서 하중 때문에 의자 다리가 부서지는 일은 거의 없다. 그만큼 무겁더라도 튼튼하며 값싼 재료를 써서 여유 있는 강도로 만들기 때문이며 의자 무게에 그리 민감할 이유가 없어서 그런 것인데, 만약에 배낭에 지고 다니다가 필요할 때 꺼내어 사용하는 가벼운 하이킹용 의자를 제작한다면 이야기가 완전히 달라진다는건 쉽게 이해할 수 있을 것이다. 의자 프레임은 가벼운 카본 복합 소재로 만들고 의자 엉덩이 받침은 나무나 플라스틱 대신에 가볍고 질긴 헝겊으로 만들어야 할 것이다. 의자에 2명이 함께 앉는 상황까지 감안하여 불필요하게 튼튼히 만들 필요가 없으니, 그 가볍다는 카본 복합 소재 프레임을 쓰면서도 가능한 한 더 가늘고 가벼우면서도 조립되면 힘을 고루 분산해 받는 구조가 되게 설계하게 될 것이다.* 그러므로 정확하게 계산하고 설계해서 딱 필요하거나 적합한 수준까지만 튼튼하게 만드는 기술, 이것이야말로 극한 기술의 요체라고 할 수 있다.

로켓에는 지금 설명한 내용 외에도 수많은 극한 기술이 채용되어 있고, 그때문에 종합적으로 매우 어려운 기술에 속하는 것인데, 로켓에 사용되는 또 다른 극한 기술의 예를 들자면 매우 많다. 지상 관제소와의 통신 기술, 로켓 및 인공위성체의 자세 제어 기술, 단(段) 분리 및 페어링 분리 기술**, 안정적으로 연소하며 장기 보관성이 양호한 고체 추진제 제조

---

* 하이킹용 제품은 경량화가 핵심 기술이다. 제품 가격도 무게를 얼마나 줄였느냐에 따라 기하급수적으로 올라가는데, 예를 들어 2인용 텐트의 경우 폴과 말뚝 포함하여 무게 3kg대 제품은 10만원대, 1.5kg대 제품은 70만원대, 1kg 미만 제품은 200만원대 가격을 형성하고 있다. 어느 쪽이 기업 입장에서 이윤이 많을지도 자명하다.

** 폭발 리벳(explosion rivet)이라 하여, 화약이 내장된 리벳을 지상 관제소의 지령에 따라 폭발시켜 불필요진 로켓 단이나 페어링이 떨어져 나가게 한다. 폭발력이 너무 세도 약해도 안되며 온도 변화가 극심한 우주 공간에서의 동작 신뢰성이 높아야 하는 어려운 기술이다.

기술, 대기권 재돌입 시 대기와의 마찰로 인해 발생하는 열을 견뎌 내부를 보호하기 위한 내열 소재 제조 기술 등 참으로 다양한 극한 기술이 로켓 속에 녹아들어 존재하는데, 이런 기술 중 하나라도 미흡한 부분이 있으면 발사가 제대로 되지 않거나 우주 공간에서 제대로 동작하지 않는 등의 문제가 발생하여 실패를 맛보게 된다.

나로호의 경우도 2회의 궤도 진입 실패 및 몇차례의 발사 중단을 겪은 후에 간신히 성공하였는데, 그때마다 앞뒤 사정 잘 모르는 사람들은 실망을 했겠지만 필자는 특별히 실망하거나 놀라지 않았다. 기술 개발이라는 것이 다 그렇기는 하지만 특히 극한 기술 개발에 있어선, 거듭되는 실패야말로 성공의 어머니이기 때문이다. 한국의 경우 로켓 개발에 본격적으로 나선지 썩 오래되지도 않았고, 개발을 시작한 후에도 국가적 역량을 기울이거나 엄청난 돈을 투자한 것도 아니었음을 감안해야 한다. 현재의 미국이나 러시아 같은 로켓 선진국들도 로켓 개발 초창기에는 수백~

수천 번의 실험을 통해 기술을 쌓아 올린 것임을 잊어선 안되리라 본다.

극한 기술의 개발에는 오랜 개발 기간과 많은 비용, 훈련된 고급 기술자들이 필요하다. 개발된 기술도 당장은 우주 개발이나 병기(兵器) 제작 같은 곳에나 적용되는 것이 보통이다. 그러다 보니 때로는 쓸데없는 곳에 너무 많은 비용을 낭비하는 것처럼 대중들이 생각하기도 한다. "로켓 개발한다고 밥이 생기냐?" 하는 식이다. 그러나 극한 기술은 그 개발 과정에서 수많은 응용 기술의 개발이 파생되게 마련이어서 장기적으로 보면 결코 손해라고 말하기 힘들다. 지금 일상적으로 사용하고 있는 수많은 공업 제품들, 예를 들어 자동차 네비게이션, 고주파 오븐(속칭 '전자 렌지'), 투구 속도를 재는 스피드 건, 심지어 여성 브래지어에 삽입되는 형상 기억 합금 와이어에 이르기까지 현존하는 수많은 일상 생활용 제품의 핵심 부분은 극한 기술의 개발 과정에서 얻어진 아이디어로부터 탄생한 것임을 기억해야 할 것이다.

안전 계수 이야기

여러분은 에쿠스나 벤츠 S클래스 같은 값비싼 중대형차보다 모닝, 스파크 같은 값싼 소형차가 사고가 나면 더 위험하다는 사실을 알고 있는가? 대부분의 사람들이 모르지 않을 것이다. 그러나 많은 사람들이 소형차를 타고 다닌다. 우리 모두는 날마다 자기 지갑 두께(?)와 자신의 안전 사이에서 절묘한 균형을 유지하면서 생활하는 것이다. 공업에서도 마찬가지이다. 공업인은 시스템의 안전과 경제성을 늘 함께 고려해야만 한다.

웬만한 건설 기술자라면 모든 건물과 다리를 지금보다 10배는 더 튼튼하게 세우는 방법을 알고 있으며, 충분한 예산만 있다면 누구나 그렇게 건설할 수 있다. 그러나 그렇게 하기 위해서는 투입되는 비용이 엄청나게 증가하게 되고, 어쩔 수 없이 국민에게 세금을 더 많이 걷거나 누군가가 돈을 투자해야 한다. 게다가 건물이나 다리가 너무 투박해져서 미관상으로도 좋지 않게 된다. 그러므로 예상할 수 있는 거의 모든 상황에서 안전이 충분하게 확보되는 정도까지만 튼튼하게 건설하고, 기둥이나 보의 굵기에 쓸데없이 과잉 투자를 하지 않도록 설계하고 시공하는 것이 건설 기술자의 기본기라고 말할 수 있다.

공업에서는 '안전계수(safety factor)'라 하여 재료, 시공, 훗날의 사용 상태나 유지보수의 불확실성 등등을 전부 뭉뚱그려 넣은 계수를 정의하여 계산하고, 이 안전계수를 바탕으로 설계하고 시공하는 것이 보통이다. 안전계수는 어떤 부분이 견딜 수 있는 최대의 부하(負荷: load)를 그 부분이 담당할 최대 부하로 나눈 값이다.

$$\text{안전계수} = \frac{\text{견딜 수 있는 최대 부하}}{\text{실제로 걸리는 부하}}$$

예를 들어, 10mm 직경의 강철 와이어 로프가 끊어지지 않고 버틸 수 있는 최대 하중이 21톤인데, 그 와이어 로프를 사용하면서 통상적으로 걸리는 하중이 3톤까지라면? 안전계수는 21/3 = 7.0이 되는 것이다. 3톤 무게까지의 화물을 매달아 움직이는데 쓸거라면 10mm 직경의 이 와이어 로프를 사용하면 적합하다는 것인데, 혹시 (그래선 안되겠지만) 10톤 넘게 나가는 엄청 무거운 화물을 매다는 일이 혹시 생기거나 와이어 로프가 노후되어 좀 부실해지더라도 로프 강도에 6배쯤 여유가 있었으므로 당장 큰 문제는 발생하지 않는다는 것이다. 그렇다면 와이어 로프의 안전계

수 7.0은 어떻게 결정되는 것일까? 노련한 기술자들의 오랜 경험과 갖가지 상황을 가정한 실험 결과 등을 종합하여 결정되는 것이 보통이다.

안전계수를 이렇게 정의하고 활용하는 목표가 무엇인가 하면, 예컨대 약한 철강재로 만들어진 철교가 여기저기 녹슬어 있고 거센 비바람이 몰아치고 있는 상황을 가정할지라도 그 다리 위로 무거운 트럭이 무사하게 지나갈 수 있도록 충분히 여유를 주어 설계하자는 것이다. 물론 지나치게 튼튼하게 할 필요는 없으며, 큰 안전계수가 무조건 만능인 것도 아니다. 아무리 안전계수를 크게 주어 다리를 건설하더라도 다리가 완성되고 사용되는 훗날, 주기적으로 페인트 칠을 하고 녹슨 볼트를 교체하는 등의 다리 유지보수에 전혀 신경을 쓰지 않고 다니다보면 역시 큰 사고가 일어나는 경우가 생길 수 있는 것이다.

통상적인 기술, 예를 들어 빌딩이나 다리 건설, 트럭 차체의 설계 같은 경우에는 넉넉하고 여유 있는 안전계수를 일반적으로 채용한다. 그래서 자동차가 다니도록 설계한 다리 위로 무거운 군용 탱크가 줄지어 지나가더라도 다리가 붕괴되는 일은 거의 발생하지 않는 것이다. 그러나 지난 번 서술한 로켓 발사의 예와 같은 극한 기술의 경우엔 그렇게 넉넉하게 안전계수를 채용할 여유가 없다. 극한 기술이 사용되어야 하는 경우 안전계수는 손에 꼭 맞는 수술 장갑처럼 일반적으로 1.5 내지 그 이하가 되는 경우가 많으며, 아주 빡빡한 설계가 요구되는 경우가 대부분이다.

결국은 소재 기술이 좌우한다

소프트웨어 같은 것은 예외겠지만, 대부분의 공업 제품은 일정한 형상을 가지고 있으며 특정한 재료들이 사용된다. 예를 들어 주방에서 쓰는 프라이팬은 알루미늄 팬 부분과 플라스틱 손잡이 부분, 팬 표면에 얇게 발라진 불소 수지 코팅 부분으로 구성되어 있고, 그 각각의 소재가 얼마나 제 역할을 충분히 발휘하느냐가 프라이팬의 성능을 기본적으로 결정한다.

프라이팬이야 불로 음식을 익히는데 쓰는 물건이며 워낙 기능적으로 간단하기 때문에 썩 좋지 않은 소재로 대충 만든 싸구려 제품이라 하더라도 그럭저럭 쓸만한 성능이 나올 수 있다. 그러나 최신 스마트폰처럼 정교하고 컴팩트하게 부품이 배치되며 아주 다양한 소재로 만든 부품이 사용되는 제품의 경우에는 전혀 이야기가 달라진다. 예컨대 스마트폰에는 다양한 전자 소자(통신 칩, 구동 프로세서, 메모리 등), 회로 기판, 액정 화면, 알루미늄 합금제 케이싱, 플라스틱 뒷판, 리튬이온 배터리, 안테나, 버튼 스위치 등 아주 많은 부품이 탑재되며 그 부품은 전부 다 서로 조금씩 다른 소재로 제작되고 조립된다.

　고급 스마트폰과 싸구려(중국제?) 스마트폰은 어떻게 다를까? 싸구려라고 해서 전화가 안 터진다거나 인터넷 접속이 안되는 일은 없으며 디자인 역시도 고급 스마트폰을 베끼는 경우가 많으니 대충 본다면 별로 차이가 없어 보인다. 그러나 사실은 확연한 차이가 있다. 아이폰 6 같은 고급 스마트폰은 우선 외관부터가 뭔가 고급스런 느낌을 주는데, 알루미늄 합금제 케이싱의 재질과 가공 정밀도, 표면 처리 상태가 우수하고 플라스틱 외장 부품의 재질 및 표면 가공 솜씨까지 정교하기 때문이다.

　어느 스마트폰 메이커든지 처음부터, 자기 회사 제품이 시장에서 싸구려로 인식되기를 원하지는 않을 것이다. 고급 제품이라야 아무래도 마진이 많이 생겨 회사에도 보탬이 될텐데 그럴 리가 없는 것이다. 그러나

어느 메이커나 '고급품'을 시장에 내놓을 수 없는 이유는(오랜 시간을 두고 형성된 '브랜드 이미지'라는 것도 있겠지만) 스마트폰 내부에 탑재되는 각종 전자 부품의 성능 차이에 기인하는 것이라기보다는 오히려 스마트폰 외관을 지배하는 케이싱, 플라스틱 외장 부품들의 재질 및 표면 처리, 가공, 깔끔한 조색 등과 같은 미묘한 소재 부분의 차이에서 기인하는 경우가 훨씬 더 많다.

스마트폰 뿐만이 아니다. 각종 첨단 기술과 극한 기술을 성공적으로 개발에 성공하느냐 아니면 실패하느냐를 결정하는 요인이 다름 아닌 소재 기술인 경우가 흔하다. 예컨대 1990년대 미국의 우주 왕복선(space shuttle)은 대기권 재돌입시 발생하는 엄청난 마찰열에 견디며 내부를 보호하기 위해서는 왕복선 선체 표면에 초내열 세라믹 타일을 부착하는데, 그 세라믹 타일 제조 회사가 망하거나 또는 타일 재고가 부족하면 우주 왕복선 다른 곳에 아무런 문제가 없어도 발사를 할 수가 없었다. 최신예 F-22, F-35, B-2 같은 첨단 스텔스 비행기의 경우에도 비행기 외부에 바르는 레이더 전파 흡수 페인트가 최고 핵심 기술 가운데 하나로서, 그 제조 방법은 엄격하게 기밀로 관리하고 있다. 겨우 3~4번 비행하고 나면 비행기 전체에 새로 흡수 페인트를 도색해야 스텔스 성능을 계속 유지할 수 있다고 하니 페인트 회사 수입도 제법 짭짤하리라는 생각이 들기도 한다.

요즘 국가적 분위기가 많이 침체되어 있기는 하지만, 그래도 여전히 금속, 고분자, 세라믹 등 소재 기술의 최고 선진국은 여전히 일본이라고 보아야 한다. 일본은 장인을 우대하는 역사적 관습이 살아 있는데다가, 한 직장에서 수십년씩 근속하는 경우가 흔했으며 그런 과정에서 축적된 미묘한 노하우를 꼼꼼히 기록하고 후배에게 전수하는 전통이 아직 남아 있다. 기업 규모가 크지 않고 생산 설비도 구식이어서 일견 대단찮아 보이는 중소기업임에도 자기 분야에서는 세계 최고의 소재 기술이나 가공 기술을 보유하고 있는 회사가 많이 있는데, 이런 것이야말로 일본 공업 기술의 저력이라고 보아야 할 것이다. 그야말로 가상적인 이야기지만 미국이 만약 일본과 다시 태평양전쟁 비슷하게 전쟁을 벌인다면 세계적으로 가장 뛰어난 성능을 지녔다는 최첨단 전투기와 미사일을 만드는 미국의 노드럽, 레이시온 같은 방산(防産) 회사는 일본산 특수 소재와 부품 재고가 소진되는 2주일 이내에 가동이 모두 중단될 것이라고 한다.

우리나라의 소재 기술은 과거보다 많이 좋아졌다. 과거에는 우리나라가 공업 제품을 수출하기 위해선 수많은 일본제 핵심 소재와 핵심 부품을 수입해서 써야만 했기 때문에 애써 수출해도 손에 쥐게 되는 이익은 얼마 되지 않는 경우가 많았고 그 결과 대일(對日) 무역수지 적자가 어마어마한 수준이었다. 그러나 2000년대 들어서부터 국내 소재 기업, 예를 들어 금속 소재의 POSCO, 고분자 소재의 LG화학, 세라믹 소재의 KCC 같은 대기업에서 오랜 연구개발 투자의 결실을 조금씩 맺기 시작하면서 전반적으로 괄목할만한 기술적 도약이 일어났으며 향후 무엇보다도 중요하다 할 기술 개발에 있어서의 자신감 상승을 이루어냈다. 아직은 세계 일류와 다소 거리가 있는 부분이 적지 않지만, 십여년간의 일정한 성공으로 얻은 '자신감'을 바탕으로 하여 노력한다면 열정적이고 밤새워 일하는데 익숙(?)한 한국 기술인들로서는 결코 일본을 따라잡지 못할 일이 아니라고 판단한다.

전혀 예상하지 못했던 문제

과거 남극 탐험의 역사에서 가장 비극적인 이야기라면 스코트(Robert F. Scott) 대령이 이끌었던 영국 탐험대의 이야기일 것이다. 1911년 겨울*, 영국 탐험대는 아문젠이 이끈 노르웨이 탐험대와 경쟁하면서 국가의 명예를 걸고 최초로 남극점에 깃발을 꽂기 위하여 경쟁적으로 남극점을 향하여 달렸다. 남극점까지 도달하는 머나먼 길 중간중간에는 보급품을 묻어놓은 저장소(depot) 캠프를 건설하여 훗날 남극점을 정복하고 귀환할 때 보급품을 사용할 수 있도록 준비하면서 영하 40도에 달하는 추위에도 굴하지 않고 한걸음씩 전진했다. 그런데 고생 끝에 남극점에 도달해 보니, 노르웨이 국기가 펄럭이고 있는게 아닌가. 아문젠 탐험대가 먼저 남극점에 도착해 국기를 꽂아놓은 것이었다. 스코트 탐험대가 얼마나 맥이 풀렸을지는 짐작이 간다.

그러나 남극점 최초 정복을 놓고 벌인 노르웨이와 영국의 탐험 경쟁은 아직 끝난 것이 아니었다. 탐험에서의 승부란 깃발을 먼저 꽂는 것도 중요하지만 베이스 캠프로 무사하게 생환하고 고국에 건강하게 돌아가야만 비로소 성공적으로 마무리되는 것이기 때문이었다.

스코트 탐험대는 맥 풀린 마음을 추스리며 지친 몸을 이끌고 밟아온 길을 다시 되돌아 달리기 시작했는데 썰매에 싣고 온 짐을 살피면서 이상한 점을 발견하게 된다. 분명히 아껴 쓰려고 노력했는데도 텐트 난방과 취사에 쓸 휘발유 연료가 거의 떨어져가고 있었던 것이다. 이유는 도

---

* 북반구에서 겨울일 때가 남반구에선 여름이기 때문에 그나마 비교적 덜 춥다. 그래서 남극 탐험은 11월경 시작되어 2월이 되기 전에 끝내는 것이 일반적이다.

무지 알 수가 없었는데, 어쨌건 휘발유가 부족하니 더욱 아껴 써야만 했고, 스코트 탐험대는 밤에 제대로 몸도 녹이지 못하고 추위에 떨면서 악전고투한 끝에 간신히 지난번 건설한 저장소 캠프를 찾아낸다. 이제부턴 제대로 몸도 녹이고 맛있게 음식도 해먹으며 바닥난 체력을 보충할 수 있으리라 기대하며 탐험대가 얼마나 기뻐했을지는 상상이 간다. 그러나 저장소 캠프 내에 있던 휘발유 통은 한결같이 거의 다 비어 있었다. 지난번엔 분명 꽉 채워진 통이었고 황량한 남극 대륙에는 휘발유를 훔쳐갈 사람은 물론 변변한 육상 동물도 없는데 말이다.

도무지 이해가 안가는 이런 휘발유 부족으로 제대로 불도 못 피우면서 동상과 체온 저하로 고통을 겪던 스코트 탐험대는 결국 전원 모두 비참한 최후를 맞이하게 되는데, 이런 사실은 최후의 순간까지 꼬박 수첩에 기록한 스코트 대령의 일기가 훗날 발견되면서 세상에 알려지게 되었다. 그렇다면 어째서 저장소 캠프의 휘발유통은 한결같이 텅 비어 있었을까? 훗날 이유가 밝혀졌는데, 휘발유통이 양철 재질로 만들어진 것이었고, 양철판 틈새는 납땜으로 서로 붙여 만들었는데 남극의 −50℃를 넘나드는 혹한에 땜납이 부스러져 떨어지면서 휘발유가 새어버린 때문이었다. 영국 기술자들은 남극의 혹한이 어느 정도인지 상상조차 할 수 없었기에 납땜에 사용하는 땜납(납과 주석의 합금)이 혹한에서는 서서히 원자간의 결합력이 약해지면서 조직이 부스러질 가능성이 있다는 사실을 전혀 몰랐던 것이다.

이렇듯, 기술자가 아무리 조심해도 전혀 예상치 못한 치명적인 문제가 발생하는 경우가 있다. 예컨대 타이타닉호는 절대 침몰하지 않으리라는 그 당시 최고 조선 기술자들의 호언장담이 가시기도 전에 빙산과의 충돌이라는 아주 원초적인(?) 이유로 가라앉았다. 또한 원자로 외부를 빈틈없이 둘러싸는 격납 용기를 만드는 재질인 강철은 핵분열로 발생하는 중성자를 얻어맞으면 금세 취약해져서, 설계 당시의 계산치보다 훨씬 빨리 격납 용기가 망가진다는 사실을 알게 된 것은 1980년대 초반이었다. 원자로가 최초로 개발(1943)된 후 무려 40년 동안이나 이런 사실을 까맣게 모르고 있었으니 그 사이에 큰 사고가 나지 않은 것이 천만다행이라 할 것이다.

오늘날 만드는 공업 제품들은 과거의 제품에 비해 엄청나게 복잡하긴 하지만 마치 수백년 전에 대장장이가 만들던 쇠사슬처럼, 가장 약한 고리의 강도가 전체 강도를 결정한다는 점에는 변함이 없다. 그리고 과거 대장장이가 그랬던 것처럼 현대의 기술인들 역시도 잠재된 위험이 있는 곳을 완전히 없애려고 늘 노력한다. 그러나 노력한다고 해서 100% 위험을 회피할 수 있는 것은 아니며 이 점은 인간의 한계에 기인하는 철학적 과제일지도 모른다. 따라서 훌륭한 기술인이라면 늘 겸허하게 귀를 열어

두어야 하며, 자기 기술에 대한 과도한 자신감이나 기술적 아집으로 심각한 판단 오류에 빠지지 않도록 신경써야 한다는 점을 부언해둔다.

3장. 취업, 그리고 학문 계속하기

대기업에 입사하기

이 장에서 말하는 '대기업'이란 주요 재벌 그룹 계열사를 말하는 것이다. 대기업은 그룹별로 함께 소요 인력을 파악하여 집계한 후, 4년제 대학 졸업 및 졸업 예정자를 대상으로 공채를 실시하는 경우가 대부분이며 3월부터 5월 사이에 상반기 공채, 9월부터 12월 사이에 하반기 공채를 하는 경우가 많다. 근래 들어 세계적인 경기 불황이 지속되고 있어 인력 수요는 매년 달라질 터이지만 대기업들은 대체적으로 채용 규모를 예년 수준으로 늘 유지하려고 애쓰는 편인데, 일자리 창출 등 기업의 사회적 책임을 다한다는 차원에서 정부 정책에 협조하려는 측면이 크다.

국내에선 삼성 그룹이 일반적으로 가장 많은 수의 인력을 뽑는데, 2011년의 경우 상·하반기 공채 합쳐서 약 26,000명(대졸, 전문대졸, 고졸 등 모두 포함)에 달했다. 일반적으로 온라인 원서 접수를 거쳐 삼성 직무적성 검사(SSAT)라는 시험을 일정 성적 이상으로 통과해야 하며, 그 후 여러번의 면접 전형이 이어진다. 한자 능력 자격증을 제출하면 가산점을 주는 한자 가점제도 있으며 삼성 그룹 공채는 공식적으로는 학력 차별 없는 것이 특징이다. 지원 자격으로 제시된 최소 평점과 TOEIC, TEPS 등 공인 영어 성적을 갖추면 누구나 지원할 수 있다. 또한 누구에게나 공평한 기회를 부여하기 위해 서류전형이 없다는 점도 특색이라 하겠다.

현대차 그룹도 매년 7,000명 정도의 대규모 사원 공채를 실시하며 SK 그룹도 대략 그 정도 숫자의 공채를 실시한다. LG 그룹의 경우 주요 계열사별로 사원을 뽑는 것이 특징인데 본인이 입사하고자 하는 회사의 특성에 따라 입사 준비를 할 내용이 약간씩 다를 수 있으므로 참고해야 한

다. 여기에 롯데 그룹, POSCO, 현대중공업 그룹, GS 그룹, 한화 그룹까지 합하여 '메이저 그룹'이라고들 말하곤 하는데, 매년 이런 메이저 그룹 공채를 통해 입사하는 숫자는 도합 약 6만명에 달한다. 기업에서 원하는 이공계와 인문·상경계의 채용 비율은 대략 7 : 3 정도로 보면 된다(공업인에게 훨씬 더 기회가 많다!).

메이저 그룹 바로 아래의 대기업이 바로 효성 그룹, 코오롱 그룹, STX 그룹 등과 같은 중견 그룹이다. 사세(社勢)가 메이저 그룹보다 작기 때문에 특별한 경우가 아니면 신입 사원을 채용하는 숫자가 각각 수백명 수준이고, 메이저 그룹의 경우보다 사원에 대한 처우나 복리후생이 다소 떨어지는 편이어서 취업 준비자의 입장에서 인기가 높다고 볼 수는 없지만 또 그만큼 실질 입사 경쟁률이 높지 않다는 장점 또한 존재하여 많이들 지원하는 편이다. 대부분 서류 전형 – 1차 면접 – 2차 면접 의 절차를 거쳐 뽑게 되는데, 회사마다 고유의 특색이 있는 경우가 많아서 본인이 준비하는 회사의 면접 경향 등에 미리 준비를 해두는 것이 좋다.

중소기업에 입사하기

그렇다면 중소기업에 입사하는 것은 어떨까? 일반적으로 중소기업에 입사하는 것은 인기가 없는 편인데, 아무래도 대기업에 비해 연봉이나 복리후생 측면에서 불리하고 회사 지명도도 없어서 친구나 지인들이 잘 알아주지도 않으니 어찌 보면 당연한 일일지 모른다. 또한 작업장의 근무 환경이 대기업보다 열악한 경우도 많고 담당하는 업무가 대기업은 고정적인 반면에 직원 숫자가 적은 중소기업의 경우는 급할 때면 어떤 일이든 닥치는대로 해야 하는 경우가 드물지 않아서 대기업보다 일반적으로 일이 고되다고 말할 수 있다.

그러나 중소기업에 입사하는 것은 나름의 장점이 있다. 첫째, 중소기업에는 일류대학을 나온 막강한 스펙의 경쟁자가 거의 없다는 점이다. 일류대학을 나온 졸업생들은 대부분 대기업을 선호하기 때문에 중소기업 현장에선 일류대 출신 직원을 찾아보기란 매우 어렵다. '용의 꼬리보다는 뱀의 대가리가 낫다'는 속담에서처럼 비일류대 출신의 경우 오히려 중소기업이 일류대 출신에게 치이지 않고 본인의 잠재 능력을 마음껏 발휘하기에 더 유리하다는 것이다. 둘째, 중소기업에선 조직이 작은 탓에 아무래도 생산, 마케팅, 기술, 관리 등등 다양한 일을 배우게 마련이므로 장래에 창업을 염두에 두는 젊은이라면 중소기업에서 근무하며 취득하게 되는 다양한 업무 경험이 큰 자산이 될 수 있다는 점이다.

결국, 대기업이냐 중소기업이냐 하는 결정은 장단점이 서로 많이 다르기 때문에 어느 편으로 선택하는 것이 유리하냐 하는 결론을 함부로 내리기는 어렵다. 그러나 필자의 경험으로 볼 때, 최근 학생들은 대기업 선호도가 과거보다 더 높아졌음을 피부로 느끼게 되는데 이는 사회 양극화 및 대기업 경제력 집중 세대와도 무관하지 않다고 본다. 그렇지만 개인적인 생각을 말하자면 대기업에 취업하여 거대한 조직의 일개 오퍼레이터로 평생을 좁은 테두리에서 안정적으로(?) 근무하는 것이 반드시 능사는 아니며, 학생의 스타일에 따라서는 적극적 마인드를 갖고 중소기업에 취업하여 기술인으로서 상대적으로 큰 자율성을 갖고 일하여 향후 창업에 보탬이 되도록 진로를 선택하는 편이 훨씬 나을 수 있다고 생각한다. 사실, 봉급쟁이로는 큰 돈을 벌기가 거의 불가능하며 능력이 있고 의지가 있으며 본인의 스타일에 맞는다면 과감하게 사업을 하여 성공하는 편이 부자가 될 수 있는 유일한 방법이기 때문이다.

전문대졸이 대졸보다 취업 잘된다?

전문대학을 졸업한 졸업생의 취업률이 4년제 대학 졸업생의 취업률보다 더 높은 것은 사실이다.* 통계청 자료에 따르면 전문대를 졸업한 청년의 경제활동 참가율은 82.7%로 대졸 이상의 학력의 청년(78.7%)에 비해 현저히 높다. 또 이들의 실업률은 7.1%에 불과해 대졸 이상(8.7%)이나 고졸 이하(8.1%)에 비해 낮았다. 그렇다고 실업률이란 수치 하나만을 보고 무턱대고 전문대 진학을 선택하기엔 이르다. 수치 하나가 모든 것을 말해주지는 않는 법이다. 어떤 기업에 취업했는지, 근무 형태는 어떤지

---

* 통계청, "경제 활동 인구 조사 통계", (2012. 5)

등을 다각적으로 살펴봐야 상황을 정확히 파악할 수 있기 때문이다.

통계청 자료에 따르면 전문대를 졸업한 청년 취업자는 상대적으로 영세기업에 다니거나 비정규직으로 일하는 경우가 많은 것으로 분석되었으며 이는 20년 넘게 전문대에서 강의한 필자의 교육 경험에도 일치한다. 우선 학력이 높을수록 더 큰 기업, 더 좋은 환경에서 일하게 될 가능성이 많은데, 고학력일수록 300인 이상 대기업에 취업할 확률이 높았다. 대졸 이상 학력을 지닌 청년의 대기업 취업률은 16.0%지만, 전문대 졸업생은 11.4%에 불과하다고 하며 상대적으로 4인 이하 영세 기업에 근무하는 전문대 졸업생 비율은 18.1%로 대졸 이상 학력자(14.0%)에 비해 높다고 한다. 특히 고졸 이하의 경우 35.7%가 영세 기업에 근무하고 있었다. 근무형태를 보면 차이는 더욱 심해진다. 대졸 이상 학력을 지닌 청년 취업자의 78.5%가 상용 근로자*인 반면 전문대 졸업자는 73.2%, 고졸 이하는 40.3%에 불과했다.

결론적으로 말해서, 전문대학을 졸업하면 4년제 대학 졸업생보다 취업은 쉽다. 이런 점에서 전문대를 나오면 취업이 잘된다고 말할 수도 있다. 그렇지만 직장의 안정성 면에서 대중들이 선호하는 재벌 계열사 대기업에 취업하기는 오히려 어렵다고 볼 수 있으며 중소기업에 취업하게될 확률이 많아짐에 따라 당장의 연봉이나 근무 여건 등도 떨어지는 경우가 많다고 판단된다. 물론, 대기업에 취업하는 경우 대규모 조직의 말단 사원으로 근무하게 되며 조직의 핵심 역량에 접근할 기회가 많이 주어지지 않아서 본인의 회사 내 성장에도 제한이 있는 경우가 많은데 비해, 중소기업의 경우 본인 능력에 따라 얼마든지 성장이 가능하다는 장

---

* 여기서 상용 근로자란 1년 이상 고용계약을 하고 취업한 자로, 반드시 정규직 근로자를 의미하는 것은 아니다.

점이 있다. 또한 인원이 적기 때문에 자연히 담당하는 업무의 폭이 넓으며 중소기업일수록 회사 생존을 위해선 영업력이 중시될 수밖에 없기 때문에 근무하면서 자연히 본인에게 남겨지는 무형의 자산이 증가하게 되므로 장차 회사를 나와 창업하는데도 큰 도움이 된다는 점은 있다. 그러나 이러한 다양한 부분들을 전부 이해한다면 단순하게 "전문대학을 졸업하면 4년제 대학 졸업생보다 취업은 쉽다"고 말하기는 어려우리라 생각한다. 현실은 그리 녹록하지만은 않다는 것이다.

최근 들어서는 4년제 대학을 졸업한 후 전문대학으로 다시 입학하여 공부하고 대기업 현장직*에 도전하는 경우가 조금씩 늘어나고 있으며, 제법 괜찮은 4년제 대학에 충분히 합격할 수 있는 실력이 됨에도 불구하고 일부러 전문대학에 진학하여 대기업 현장직 취업이라는 구체적인 목

---

* 통상 오퍼레이터(operator)라고 칭한다. 화공, 철강 등 장치산업 공장의 현장직 사원을 통칭하는 용어이다.

표를 설정하여 공부하도록 학생의 진로를 설계하는 실속파(?) 학부모도 증가하고 있다. 필자의 경우에도 이런 사례를 학생들과의 상담을 통하여 여러번 접하여 알게 되었는데 재벌 계열사 대기업, 예를 들어 GS칼텍스나 롯데케미칼 같은 회사의 공장 현장직은 직장의 안정성과 직장인으로서 숙명처럼 받아야 할 스트레스 등의 측면 등을 종합적으로 고려한다면 일류 4년제 대학을 졸업하고 대졸 엔지니어로 입사하는 편보다 결코 나쁘지 않다는 것이 필자의 판단이기도 하다.

전문대학 졸업장만으로 충분한가?

전문대학 졸업장만 가지고 있더라도 공업인으로 활약할 수 있는 충분한 기본 요건을 이미 갖추고 있는 것이라고 필자는 믿고 있다. 대부분의 공장과 회사에서 반드시 요구되는 기초 지식이라면 사실은 고등학교 과정에서 대부분 배웠기 때문이다(물론 배웠더라도 기억을 못하는게 문제겠지만). 또한 기업에서 '능력 있는 직원'이라 함은 기업이 하고자 하는 일을 능률적으로 해내는 힘을 가진 직원을 말하는 것인데, 4년제 대학을 나오지 않았더라도 만약에 그런 힘을 가지고 있는 직원이라면 기업에서 그런 직원을 차별할 하등의 이유가 있을 수 없는 것이다.

전문대졸자들이 대졸자에 비해 현저하게 뒤떨어지는 능력은 무엇일까? 필자는 두가지라고 생각한다. **첫째는 새로운 것을 혼자서 공부해내는 능력이며 둘째는 사명감이다.** 인생에서 대학 2~4년이란 별거 아닌 짧은 기간이지만 그 기간 동안 대학에서 혼자 공부할 수 있는 능력과, 대학을 나온 사람으로서 맡겨진 일은 꼭 해내야겠다는 사명감을 지니고 졸

업하게 된다. 그래서 대졸자들은 기업에 들어와 일을 하면서 자꾸 성장하여, 중역도 되고 CEO도 되는 것이다.

고졸자나 전문대졸자라 하더라도 4년제 대졸자 못지않게 위의 두 가지 능력을 갖추고 있고 기업에서도 그것을 인정해 준다면 대졸자와 마찬가지로 승진하지 못할 이유가 없다. 한편으로, 대졸자라고 하더라도 혼자 공부하는 능력과 사명감을 배우지 못하고 졸업한 사람은 자연히 중도에서 탈락하게 된다.

필자의 교육 경험으로, 성적이 나쁜 학생을 보면 머리가 나쁜 것이 아니고 공부하는 방법을 몰라 나쁘다는 것을 알게 되었다. 성적이 나쁜 학생은 그저 공부란 책을 암기하는 것인줄 알고 열심히 외우기만 하는게 보통이다. 이치를 깨달으려 노력하고 그 이치를 따져가며 문제를 풀어야 할 것을 그냥 외워서 해결하려고 하니 무슨 수로 성적이 올라가겠는가. 노력은 남들보다 더 하면서도 성적이 좋을 수가 없는 것이다. 무슨 공부든지 이치를 정확하게 깨닫고 난 후에 여러번 연습해 그것을 익히는 것

이 공부하는 요령이다.

　혼자서 공부하는 능력이 있는 사람은 시간이 나면 늘 책을 읽는다. 책이 무엇인가. 책이란 다른 사람의 경험을 기록한 것이다. 남보다 더 많이 읽고 남들의 경험을 더 많이 간직하게 된 사람이 그렇게 하지 않은 사람보다 더 폭넓고 깊은 지식을 갖게 되는 것은 너무나 당연하다. 한때 공부를 많이 했다고 책을 멀리 하는 사람과 계속해서 독서하면서 새로운 지식을 흡수하는 사람 가운데 훗날 어느 편이 인생에서 성공할까 하는 점은 굳이 이야기할 필요가 없을 것이다.

회사가 학교보다 효율적인 교육기관

　공부는 집중해서 하는 것이 좋다. 한가지 사실을 터득하는데 걸리는 시간은 그 사실을 얼마나 필요로 하고 있는가에 따라 다르기 때문이다. 시험이 임박했을 때 공부 집중도가 올라가는 것이 대표적인 예이다.

목이 마를 때 물을 마셔야 물이 시원하고 달듯이 알고 싶을 때 공부하는 편이 짧은 시간에 그것을 이해할 수 있게 된다. 따라서 새로운 것을 공부할 때는 먼저 그것에 대해 호기심을 갖던가 아니면 꼭 그것을 알아야 할 필요가 있을 때 배우는 것이 좋다.

기업에서 실무를 맡아 일하다보면 시시각각으로 새로운 지식을 찾아내고 알아야 할 절박한 필요성이 발생하게 되는데, 학창시절에는 공부하기 귀찮아 꾀를 부렸던 사람이라도 회사의 녹을 먹는 직원 입장에선 그렇게 할 수가 없는 것이니 아무래도 학창시절보다 훨씬 능동적으로 공부를 하게 되기 마련이다. 그래서 학창시절 10년 넘게 배운 것보다 회사 생활 3년 동안 배운게 훨씬 더 많다고 말하는 사람이 많은 것이다. 필자의 경험상 학교 다닐 때는 공부 열심히 안하고 게을렀던 학생이었지만 취업한 후엔 옛날에 언제 그랬냐는 듯 확 달라진 졸업생이 아주 많았다. 학교 공부는 기초를 쌓기 위해 하는 것일뿐 진짜 공부란 회사에 가서 하는 것이며, 회사에서 업무상 꼭 필요한 상황이 닥쳤을 때 집중해서 공부할 수 있는 것도 능력이라 하겠다.

대졸자와 그렇지 않은 이의 차이점 가운데, 외국어를 사용할 수 있는 능력이 가장 큰 몫을 차지한다. 그러므로 외국어를 배워두는 일은 자신이 발전하는 길에서 아주 중요한 역할을 한다는 점을 알고 열심히 공부해두는 것이 좋다. 담당하는 업무에 따라 차이가 있기는 하지만 기업에서 오랫동안 근무하다 보면 실제로 외국어를 구사해야만 해결되는 일이 꼭 생기게 된다. 그럴 때 멋진 모습을 보여주는 것이 남들 보기에도 좋고 스스로에 대한 자긍심도 오르지 않겠는가.

마지막으로 한마디. 공학의 지식을 이해하려면 수학을 이해하고 있어야 쉽다. 최소한 고등학교 수준의 수학을 이해하고 있어야 한다(대학 수준의 수학은 이해하고 있으면 더욱 좋겠지만 필자의 경험상 몰라도 주위에서 다 양해를 해주며, 수학을 잘 하는 사람에게 물어봐 해결하면 되므로 큰 문제가 없는 경우가 대부분이다). 물론 수학을 몰라도 이치를 따질 줄만 알면 상당한 수준의 공학 지식을 가질 수 있지만 고난도의 공학 지식을 이해하기 위해서는 일정한 수학 지식은 필수라고 하겠다. 수학적 표현 방식은 복잡한 것을 설명하고 조리 있게 이해하는데 크게 도움이 되기 때문이며 고난도의 공학적 개념을 설명하기 위해선 어려운 수학이 필수적인 것도 사실이다. 고등학교 다닐 때 사용하던 손때 묻은 수학 참고서는 쓰레기통에 내다 버리지 말고 평생 간직하면서 가끔씩 필요할 때마다 들춰보면 일생을 함께 걸어갈 좋은 벗이 될 수 있을 것이다.

공대를 나오면 누구나 기술자?

우리가 흔히 말하는 기술자라 부르는 직종은 미숙련공, 숙련자 또는 기능공, 기술자, 그리고 전문가로 분류할 수 있다. 무학(無學)이든 대학을 졸업했든 처음으로 공장에 들어가면 누구나 미숙련공으로 대우를 받게 된다. 시간이 흘러 주어진 일을 실수하지 않고 해 나갈 수 있게 되면 어느덧 숙련공으로 대접을 받게 된다.

기술자란 공업의 어느 한 분야에 대한 폭넓은 지식과 이론적 기초를 가지고 있으며 실제로 그것을 응용할 줄 아는 사람을 말한다. 그러므로 기술자가 되려면 공업에 관련한 지식과 이론을 공부하고 실제로 경험을 해야 한다. 왜냐하면 기술은 책으로 전부 배울 수 있는 것이 아니고 몸으로 경험해야 배울 수 있는 부분이 있기 때문이다.

흔히 공대를 나오면 저절로 기술자가 되는줄 아는 이가 많지만 공대를 나와도 사무실에서 펜대나 굴리고 있다면 그런 사람은 기술자가 아니라 '기술 사무직'이라고 부르는 것이 타당할 것이다. 전문가나 기술자는 대학을 나오고 현장에서 경험하며 만들어지는 것이 가장 빠르지만, 기능공으로 출발해 이론과 지식을 갖추어 될 수도 있다. 단지 시간이 조금 더 오래 걸릴 뿐이다.

무슨 일이든 한 가지를 오랫동안 맡아 해오며 그 일에 있어서만은 누구보다도 깊은 지식과 경험을 가진 이를 전문가라고 한다. 공업인이라면 모름지기 앞으로 훌륭한 전문가로 성장하겠다고 목표하여 경력을 관리하는 것이 바람직하다. 기업에서 오랫동안 근무하여 전문가로 성장하고 나면 다시 두갈래의 길이 나타난다. 하나는 아랫 사람을 통솔하는 관리자(부장, 상무, 전무……)가 되는 길이고 하나는 한 우물을 깊게 파는 전문가(engineering specialist, 책임 연구원……)가 되는 길이다. 한국은 유교적 전통 때문인지 전자의 길이 일반적으로 선호되는 편이지만 진정한 공업인의 길이라면 후자의 길이 아닐까 필자는 개인적으로 생각한다.

4년제 학사 학위 취득하기

　전문대학을 졸업하고 나면 산업학사 학위를 받게 되는데 2년제 과정의 경우 80학점, 3년제의 경우 120학점을 취득한 상태가 된다. 회사에 다니다 보면 회사 업무와 관련하여 더 깊이 있게 공부를 하고 싶다든지 하는 여러 가지 사정으로 4년제 대학 학사 학위를 취득하고 싶을 수가 있다. 물론 학사 학위 취득이란 상당한 비용과 에너지 및 시간을 요하는 일이므로 기회 비용을 감안한다면 괜한 욕심으로 굳은 각오 없이 시작할 일은 아니다. 그러나 꼭 하고 싶다면 더 나이를 먹기 전에 하는 것이 좋다.

　4년제 대학의 학사 학위는 최소한 140학점을 이수해야 취득이 가능하므로, 부족한 학점은 추가로 채워야 4년제 학사 학위를 받을 수 있다. 학점을 추가로 채우는 방법은 크게 나누어 학점은행제를 활용하는 방법, 방송통신대학이나 전문대학 학사학위 과정을 활용하는 방법, 4년제 대학에 편입하는 방법이 있으며 모두 일장일단이 있다. 비용 면이나 소요되는 시간적 측면에서는 학점은행제가 가장 저렴하고 부담이 적으며 4년제 대학 편입이 가장 부담이 크다. 그러나 4년제 대학 편입은 비록 시간이 오래 걸리고 등록금 부담이 크기는 해도 새로운 '학벌'을 얻을 수 있다는 측면이 있어서 소위 일류대학 편입의 경우 많은 수요가 있는 편이다.

4년제 대학은 일반적으로 학과에 결원이 생기는 경우 약간명을 편입생으로 받아들이는 식으로 편입 제도를 운영하는데, 그래서 특정 학과가 매년 편입생을 모집하지는 않는 경우가 많다. 상위권의 소위 '좋은 대학'일수록 편입 경쟁이 치열한 편이며 전공 제한도 있고 전문대학 성적 제출과 함께 편입 시험을 치르는 경우가 많다. 편입 시험 과목은 대학과 학과마다 다른데, 일반적으로 영어, 수학, 전공이고 최근에는 영어만 시험을 치는 경우가 많아지고 있는 것 같다. 하위권 대학, 특히 지방 4년제

대학의 경우에는 상시 편입생을 모집하는 곳이 많고 편입 시험도 요구하지 않는 경우가 많은데 편입이 쉽다고 무조건 좋은 것은 아니니 해당 대학 교육의 질을 잘 확인하고 결정할 필요가 있다.

4년제 대학에 편입한다고 해서 반드시 취업에 유리한 것은 아니다. 최근 경향은 4년제 대학 졸업자의 취업률이 전문대학보다 떨어지고 있는 추세가 심화되고 있으며, 4년제 대학의 경우 전문대학보다 2개년을 더 등록해야 한다는 점에서 개인적으로 꼭 유리한 투자는 아닐 수 있음을 명심해야 한다. 또한 편입해서 새 학교를 다닐 때 기존 재학생들과의 융화가 문제가 될 수 있는데, 잘 드러나지 않는 텃세가 있다고들 하니 주의할 일이다.

대학원에 가기

4년제 대학을 졸업하는 경우 대학원에 입학할 자격이 주어진다. 보통 석사 및 박사과정을 입학하는 경우엔 자신의 학부 전공과 가장 유사한 전공 쪽으로 가는 것이 학문의 연속성을 유지한다는 면에서 바람직하다. 또한 대학원 과정이란 것이 스스로의 학문적 소양을 깊게 다듬는다는 측면이 중요하기 때문에 유사 전공을 선택하는 편이 여러모로 바람직하고 유리한 측면이 많다. 그러나 최근에는 '뇌과학 협동과정'이니 '과학사 및 과학철학 협동과정'이니 하는 식으로 다양한 학제간(學際間) 연계 전공이 많고 특히 대학원 과정의 경우 에너지, 나노 기술 등 특정 학문 분야의 전유물이라기보다는 융합적인 성격이 강한 학과간 공동 대학원 프로그램이 많아 학부 보다는 더 선택의 폭도 다양하고 타 학문 분야를 접할 기회가 많아진 것도 사실이다.

공대를 졸업하고 대학원에 가기 위해선 우선 졸업하기 전에 이미 자신의 진학 계획을 미리 결심하고 준비하는 것이 유리하다. 대부분의 대학원의 경우 학기가 시작되기 4~5개월 전에 미리 대학원 입시를 공고하고 다양한 절차를 통해 대학원생을 선발하기 때문에 미리부터 자신에게 맞는 전공을 선택하고 입학 가능한 대학원을 결정해두는 편이 유리하다. 외국의 대학원도 마찬가지이다.

대학원을 가기 전에 꼭 알아두어야 할 것은 미리 대상학과에 대한 정보를 숙지하여 명확하게 갈 곳을 정하는 일이다. 대학원은 학부와는 달리 대부분의 생활을 학교 내, 특히 실험실에서 하게 되고 또한 본인이 하고자 하는 전공이 나중에 취업에도 직접적으로 관련되므로 되도록 각 교수들의 전공 또한 살펴보는 것이 중요하다. 단순히 학교 간판만을 바라보고 대학원에 진학했다가 자신이 전공하고자 하는 전공을 지도하시는 교수가 없을 경우 큰 낭패를 볼 수 있기 때문이다.

또한 대학원의 경우 미리 전공 교수와의 교감도 매우 중요하다. 전공 교수의 입장에서는 대부분 국가나 기업체로부터 수주하는 연구비를 중심으로 실험실을 운영하고 그 연구의 성패가 교수님 개인은 물론 학교, 나아가서는 국가의 과학기술의 성패를 좌우할 수 있는 것이기 때문에 학생을 선발하는데 매우 신중할 수밖에 없다. 또한 최근에는 많은 연구실의 경우 학생들에게 별도의 장학금을 연구 프로젝트에서 충당하게 되므로 거액의 연구비가 투자되는 중요한 투자 대상 중 하나가 성실하고 열정적인 대학원생을 선발하는 일이 되는 것이다.

따라서 보통의 경우 강의가 진행되는 학기 중에 많은 학부생들과 대학원 진학의 가능성을 놓고 일정하게 교감(交感)을 하는 것이 일반적이며

공대 대학원생은 학생이 아니고 준(準)직장인입니다. 등교 하교가 아니라 출근 퇴근이라고 말하죠. 많지는 않지만 생활비도 받습니다.

미리 교감을 하는 경우 교수 입장에서 그 학생에 대한 신뢰가 더 쌓이게 되는 것은 당연하다 하겠다.

　그러므로 특정 대학원을 염두에 두는 경우 그 학과의 전공 교수님들에 대한 정보를 미리 연구실 홈페이지나 언론 기사 또는 논문 등을 통해 숙지하고 이메일이나 전화 및 직접 방문을 통해 해당 교수와 진학의 가능성 및 실험실의 상황, 전공에 대하여 미리 대충이라도 상의하는 것이 현명하다. 앞에서 언급한 바와 같이 학생의 학부 때 전공 과목의 선택은 대학원의 진입에도 좋은 참조가 될 수 있다. 아무리 가고 싶은 연구실이 있더라도 본인의 학부 전공과의 연계성이 전혀 없다든가, 본인의 수강 과목 선택이 영 동떨어지거나 할 경우에는 대학원 진입을 실패하는 경우가 많다. 이러한 사전 교감은 외국의 대학으로 유학을 하는 경우에도 요즈음은 일반적으로 필요하다고 여겨지는 절차이다.　단순히 학점이 높다고 명문 대학원에 갈 수 있는 시대는 지났으며 자신의 학문적 관심과 열정 그리고 전공에 대한 이해와 준비가 성공적인 진학에 더 중요한 시대인 것이다.

　대학원 진학의 구체적인 절차는 학교에 따라 다소 차이가 있다. 일반적으로 입학 원서에는 본인의 졸업증명서 또는 졸업예정증명서와 성적증명서, 그리고 학업 계획 또는 자기소개서를 요구한다. 학교에 따라서는 TOEFL이나 TOEIC, TEPS 같은 공인 영어시험의 성적을 요구하기도 하며 구술 시험 또는 면접 고사를 실시하기도 한다. 1차, 2차 전형과 같이 각 단계별로 입학원서 내용에 따라 학생들을 선별하게 되는데 역시 가장 중요한 절차는 구술 면접인 경우가 많다. 두세명의 교수 앞에서 특정한 주제나 지식에 대한 검증이 이루어지는 구술 면접은 학교에 따라 또는 전공에 따라 그 내용과 절차가 다르다. 앞에 언급한 바와 같이 각 대학원에 대한 입시 제도나 현황 또는 입시 정보를 사전에 철저히 분석하고 준비한다면 성공적인 대학원 진입이 가능할 것이다.

시험 문제

문제) 순간의 선택이 10년, 아니 앞으로의 인생을 좌우합니다. 몇번일까요 ?

1번)세탁기　2번)예쁜 신부감　3번)대학원 지도교수

외국 유학은? 학비 조달은?

대학원 진입을 결심한 학생들의 첫 번째 고민은 과연 어느 대학원에 진학하는게 좋겠느냐가 될 것이다. 특히 국내 대학원과 외국 대학원 가운데 어디를 선택하느냐는 인생의 중요한 갈림길이 될 수가 있다. 지금은 국내 대학원도 미국 등 선진국의 대학원과 비교하여 교육이나 연구의 질이 전혀 뒤지지 않을 뿐만 아니라 오히려 연구의 성취도는 더 높은 경우가 많다. 그것은 무조건 해외파 대학원 졸업자들이 우대받던 시대가 지나고 성취도가 높은 국내 대학원 졸업자들도 얼마든지 자신들이 원하는 직장을 가질 수 있게 되었다는 의미다.

외국 유학과 국내 대학원의 장단점은 언어라는 부분이 가장 크다고 할 것이다. 이공계의 경우 대부분의 고급 지식과 정보가 영어로 되어 있기 때문에 영어를 의무적으로 접해야 하는 외국 유학을 하다 보면 아무래도 영어가 숙달되게 마련이며 향후 고급 지식을 편안하게 접할 수 있다는 측면에서 유리한 위치에 서게 된다. 물론 미국이나 영국, 캐나다, 호주 같은 영어권 나라에 유학을 가는 경우에 한하는 말이다. 유럽이나 일본 등에서도 이공계의 경우 대학원 내에서 영어 사용을 권장하기는 하지만 우리나라와 같이 자국어가 일상 생활에 대부분을 차지하는 현실은 어쩔 수 없을 것이다.

요즘은 우리나라에도 많은 외국인 학생들이 대학원에 유학을 하고 있어 대부분의 대학원 수업은 영어로 진행되고 있으며 논문을 본다든지 논문을 작성하는 경우 영문 해석과 영작을 필수적으로 잘 해야 졸업이 가능한 경우가 많아졌다.

결론적으로 시스템이 우수한 외국 대학으로의 유학은 외국어 뿐만 아니라 교육 및 연구 시스템의 경험과 세계 최고 수준의 과학자를 직접 접할 수 있다는 측면에서 권장하고 싶으나 외국 대학이라고 모두 이러한 좋은 여건을 가지고 있는 것은 아니고 환경이 잘 갖추어진 국내 대학원이 빠른 적응과 문화적인 충격에서 자유롭다는 장점도 있기 때문에, 이모든 것들을 종합적으로 고려하여 결정해야 할 것이다. 외국유학이 성공의 지름길이던 시대는 분명히 지나가고 있음을 다시 한번 강조하고 싶다.

이번에는 학비 조달에 관한 비교를 해보도록 하자. 국내 대학원의 경우 앞에서 언급한 바와 같이 대두분의 실험실에서 정부나 회사의 연구용역을 수주하여 대학원생들의 학비를 조달하는 것이 일반적이다. 그러나 최근에는 정부에서 BK21 사업* 등을 통하여 능력이나 자질이 우수한

---

*   'Brain Korea 21'의 약칭. 석 · 박사과정 대학원생 및 신진 연구 인력을 집중적으로 지원하는 고등교육 인력양성 사업이다.

대학원생들을 선발하여 장학금을 수여하는 제도가 많아지고 있고 기업체가 미리 우수 인력을 선점하기 위하여 대학원생들에게 소정의 장학금을 미리 주고 졸업 후 취업을 보장하는 사례도 늘어나고 있다. 대부분의 이공계 대학원생들을 자신이 등록금을 걱정하지 않아도 된다는 것이다. 그러나 실험실 사정이 어려워 등록금 조달이 어려운 경우 또는 진행하던 프로젝트가 중단되는 경우에 곤란을 겪는 경우도 더러 있기는 하다. 최근 정부가 추진하고 있는 인건비 풀링(pooling) 제도*를 통해 갑작스런 학비 중단 등의 어려움이 많이 감소된 것은 사실이다. 실험실을 고를 때 이런 학비 조달의 계획을 교수님과 상의해 보는 것도 빠뜨리지 말아야 할 사항이다.

외국 대학의 경우도 이런 사정은 마찬가지이다. 학교에 많은 장학금이 교내외로 공급되는 것은 우리가 이름만 들어도 아는 소수의 유명 대학의 경우에 한정되어 있는 일이고, 많은 대학원생들은 교수의 프로젝트 수주에 따라 인건비를 공급받게 된다. 따라서 교수들은 아무리 욕심나는 우수 인력이 있어도 과제 상황이 안 좋으면 학생을 받을 수 없게 되며 그것은 학생 입장에서도 마찬가지인 것이다. 우리나라의 경우 프로젝트가 단기적인 경우가 많은데 비하여 외국 대학의 경우 연구 프로젝트가 비교적 장기적인 경우가 많기 때문에 교수 입장에서 학생 수급 계획을 세우기가 훨씬 안정적이라는 점이 우리나라보다 유리한 점이라 하겠다.

외국 유학에서 주의할 사항 중에 하나는(최근 우리나라도 학교간 교수들의 이직이 조금씩 늘고 있기는 하지만) 외국 대학 교수들은 다른 학교로의 이

---

* 서울대 교수들의 연구비 횡령 사건을 계기로, 연구 책임 교수가 맡은 여러 연구 과제를 통합 관리하고 연구 보조원의 인건비는 교수를 거치지 않고 연구 보조원에게 직접 지급하는 연구비 관리 제도.

직이 매우 빈번하다는 사실이다. 그런데 보통 사람들의 생각이라면 교수가 수준이 낮은 대학에서 높은 대학으로 옮기는 것이 일반적인 케이스라고 생각하기 쉬운데 사실은 그렇지가 않다. 오히려 그 반대인 경우도 상당히 많아서 자칫 지도하는 대학원생들에게 큰 피해를 남기는 경우도 많다. 때로는 미국 유수 대학 교수가 유럽 대학으로 가버리는 경우도 있는데, 남은 학생들은 교수를 따라 유럽으로 가기가 쉽지 않다. 물론 교수를 따라 가더라도 학위를 원래 대학으로 정하는 것이 가능은 하지만 역시 쉽지 않은 결정을 또 해야 한다.

대학원에서 무엇을 얻을 것인가?

대학원을 가서 무엇을 얻고자 하는가? 이 질문에 대한 답은 결코 쉬운 것이 아니다. 물론 학문적 지식의 함양과 연구 개발에 대한 과정을 습득

하는 것이 가장 중요한 목표임은 두말할 나위도 없다. 그러면 지식은 어떻게 함양되는가? 우선 학부과정에서 우리는 주로 교과서를 통해 지식을 얻는다. 그리고 교수님의 강의를 통해 지식의 깊이를 더한다. 그러나 이 지식들은 이미 과학계에 정설로 인정되어 있고 가끔씩은 일종의 도그마로 기능하는, 핵심적이고 이상적이되 일반적인 수준의 지식들이 대부분이며 최근의 연구 경향(trend)이나 불완전하지만 새롭고 도전적인 연구 주제를 담고 있지는 않다. 그리고 매우 일반적인 지식이라는 것은 깊이라는 면에서는 불만족스러울 수밖에 없기 때문에 특정 분야의 전문 지식으로서의 역할을 온전히 담당하지 못한다.

따라서 대학원생들이 교과서에서의 지식만 가지고 본인의 전문성을 달성하기가 어렵다는 것은 분명하다. 주로 대학원생들은 전문 서적이라는 특정 분야의 깊이 있는 지식을 위한 별도의 책들을 탐독하며 때로는 학술 잡지에 나와 있는 논문을 읽던가, 아니면 학술 대회에 참여하여 그 분야 전문가의 구두 발표 또는 포스터 발표를 접하여 향후 자신의 연구 방향을 검토 · 정립하고 또한 본인의 연구 결과를 발표하기도 하는 것이다. 더 나아가서 같은 집단의 전문가뿐만 아니라 멀리 떨어져 있는 연구자와의 서신 왕래 등을 통해서 자신의 연구에 대한 의견 을 교환하는 것과 연구에서 협력하는 것도 좋은 경험이 될 수 있으며 학문하는 매우 바람직한 자세라 하겠다.

대학원생으로서 갖추어야할 두 번째 내용은 제대로 연구하는 방법을 습득하는 것이다. 대부분의 이공계 대학원생들은 졸업 시점에 가면 논문(dissertation)을 작성하여 발표하고 제출하는 과정을 겪게 된다. 그런데 그 논문이라는 형식을 자세히 살펴보는 것만으로도 과연 연구를 어떻게 하면 좋을 것인가에 대한 답을 찾을 수 있다. 분야에 따라 다소 차이는 있으나 보통 과학기술 논문의 형식을 보면 초록(abstract)이 첫 번째로 나오고 개요(summary)와 서론(introduction), 연구 및 실험 방법(experimental procedures)이 나오며 결과(results)와 토론(discussion), 결론(conclusion), 그리고 참고문헌(reference)으로 마무리가 된다. 자기의 과학 기술적 연구 접근 방법도 이 형식에 의미를 두면 이해가 된다. 즉, 초록을 통해 자신의 주장하고자 하는 학문적 기술을 요약하고 개요를 통해 연구의 정의와 의의, 다른 연구자들의 연구 내용과 나의 연구와의 차별성 등을 기술한다. 연구 방법의 기술을 통해 본인의 연구가 객관적으로 검증가능하고 과학적으로 문제가 없는 방법으로 수행되었음을 나타내어야 한다. 결과를 통해 본인의 가장 핵심적이고 중요한 연구 결과를 표현하며 그 결과에 대한 중요성과 의미 등을 결론 부분에 기술한다. 그리고 논문 전반에 걸친 다른 연구에 대한 기술을 참고문헌을 통해 마무리한다.

이렇게 다소는 고풍스러울 정도로 형식적이지만 나름으로 매우 중요한 학문적 내용을 담고 있는 논문은 발표 자료의 형식으로 재작성되어 다른 사람에게 구두로 설명되어지는 과정이 학위 심사위원회 발표가 된다. 학위 발표는 석사 학위의 경우에는 지도 교수와 상의하여 관련 연구를 진행 중인 전문가 2인을 초대하여 심사 위원회를 구성하며, 심사 위원회는 예비 학위자의 구두발표를 경청하고 최종 학위 여부를 결정하게 된다. 학문적 진보성이 높지 않거나 타인의 연구 결과를 재해석 없이 사용하거나 결과의 객관성이 결여된 경우 등에는 학위 심사 결과 학위 수여가 거절되는 경우도 제법 많다. 따라서 예비 학위자들은 자신의 연구의 객관성과 진실성을 사전에 충분히 지도 교수와 교감하여 좀 더 신중한 학위 심사를 받아야 할 의무가 있는 것이다.

훌륭한 연구 결과가 탄생하게 되면 보통 짤막한 연구 논문 형태로 재

좋은 논문을 발표하는 것이야말로 대학원생에게 가장 중요한 일입니다.

작성되는데 때로는 영어로 작성되어 소위 'SCI 논문'*이라고들 부르는 국제 저명 학술지에 투고하게 된다. 대부분의 연구실에서는 학위 논문 작성 이전에 영문 학술 논문 작성을 먼저 하고 이를 나중에 모아 재정리하여 학위 논문을 내놓는 경우가 더 많아졌다. 예전에는 학위 논문에 대한 별도의 규정이 없었으나 최근 상위권 대학원의 경우에는 석사 또는 박사 학위에 국제저명 학술지 게재를 조건으로 제시하는 경우가 대부분이어서 결코 학위를 취득하는 과정이 쉽지 않음을 유념하여야 한다.

논문을 영문으로 작성하면 지도교수와의 철저한 검증과 수정을 통해 드디어 학술 논문의 투고가 이루어지게 된다. 과거에는 학술지 투고와 수정 요구, 재투고 과정을 국제 우편으로 진행하였으나 인터넷의 발전으로 요즘은 인터넷을 통한 온라인 논문 투고가 대부분이다. 논문은 논문

---

* SCI란 science citation index의 약자로서 과학기술논문 인용색인을 의미한다. 미국 톰슨사 이언티픽(Thomson Scientific)에서 과학기술분야 학술잡지에 게재된 논문의 색인을 수록한 데이터베이스가 SCI인데, 세계적으로 비중 있는 학술지들을 망라하고 있어 권위있는 데이터베이스라고 인정되고 있다. SCI급 논문이라 하면 그만큼 많은 연구자들이 구독한다는 의미이므로 좋은 학술지라고 일반적으로 판단한다.

내용에 대하여 정통하고 학문적으로 권위를 갖춘 해당 분야 전문가들의 심사를 통해 수정 및 게재 여부를 결정하게 된다. 객관성과 창의성이 인정되는 논문은 게재 허용 통보를 받게 되며 드디어 온라인판 및 인쇄를 통해 출간된다.

대학원 과정을 밟으면서 그간의 성실성과 연구한 성과를 평가받는데 국제 저명 학술지 논문 게재만큼 위력적이고 객관적인 자료도 드물 것이다. 논문의 우수성은 일반적으로, 투고된 학술지의 객관적 명성과 자기 논문의 인용 지수(다른 학자에게 자기 논문이 많이 인용될수록 좋다) 등을 통해 평가되며 이런 연구 실적은 나중에 직장을 잡는데 중요한 척도로 인정되므로 많은 대학원생들은 좋은 논문을 투고하고 게재하는데 무척 많은 관심을 갖게 된다.

연구실에서 연구 프로젝트가 수행될 때 대학원생들이 담당하는 역할은 무엇일까? 석박사 대학원생들은 실제로 우리나라 정부 또는 기업이 의뢰한 연구 프로젝트의 최전방 연구 수행자이며 어쩌면 우리나라 과학 기술의 근간이 되는 수많은 '마당쇠 연구자'들이라 말할 수 있다. 대학원생은 지도교수와 함께 연구의 기획과 행정적인 과정에 관여하기도 하지만, 실제 연구 수행이 대부분은 연구실 내의 대학원생을 통해 이루어진다. 연구 결과의 요약과 발표 자료 준비부터 시작해서 실험실 청소, 후배 대학원생 교육까지 모든 연구 과제 수행 과정에서 대학원생들의 역할은 절대적이다. 최근 대부분의 연구실에서는 별도의 행정인력도 두기 시작해서, 예전에 담당했던 대학원생들의 잡무가 줄어 연구 집중도도 많이 향상되었다. 대학원생은 이러한 연구 프로젝트의 참여를 통해 향후 성장하여 연구 책임자로서 연구 프로젝트를 수주하고 프로젝트 수행을 리드해야 하는 것이므로 대학원생 시절의 수행을 큰 도움이 되는 과정이라 여기고 적극적인 태도로 임하는 것이 바람직하다.

석사를 받고 하는 일

석사 학위자는 박사들에 비해 특정 분야의 전문성은 다소 약하나 연구를 수행하는 전체 과정에 대한 기초 훈련이 되어 있으므로 주로 연구소나 기업의 연구/기획 분야에서 직장을 잡을 수 있다. 대부분의 석사 학위자는 대기업 또는 중소기업의 연구 개발 부서에 직장을 잡게 되는데 기업에서의 연구개발은 대학원 시절의 연구 개발과는 큰 차이가 있어 처음에는 많이 당황하게 된다. 그것은 대학의 경우 산업체에서 곧바로 적용될만한 연구 개발에 종사하는 경우도 있으나 대부분 미래 기술 또는 첨단 신기술에 관련된 원천 연구를 많이 수행하여 연구 논문 작성에 도움이 되는 연구 대상이 많았지만, 기업에서는 현존하는 경쟁사 기술의 분석과 새로운 개량 기술 개발 및 신제품 연구 개발에 더욱 역점을 두게 되어 자료 조사 분석 같은 일에 훨씬 더 많은 시간을 할애하게 되므로 자연히 참신한 논문 작성 소재(?)는 줄어들게 되는 때문이다. 신제품 개발 작업이란 기존 제품에 대비한 차별성과 진보성 및 상품성이 중요한 것인데 이러한 요소들은 대학원생 시절에 연구 개발에 대한 기본적인 훈련이 되어 있지 않으면 달성하기 어려운 것들이다. 기업에서 필요로 하는 제품에 대한 과학적 분석력과 첨단 기술 동향의 이해 및 신기술의 접목, 그리고 약간의 과감한 상상력은 대학원에서 연구를 진행하며 항상 역점을 두고 길러 두어야 하는 연구 자산인 것이다.

기업체 이외에도 정부 출연 연구소나 국공립 연구소, 공사, 대학 및 병원 등 다양한 연구 개발직을 추천할 수 있겠다. 그러나 요즘에는 석사 학위를 가진 인력들이 연구 개발 분야 이외에도, 심지어 언론이나 홍보 기획 등 다양한 분야에서 큰 활약을 하고 있다. 석사 과정에서 체득한 기술에 대한 이해와 창의력, 과학적이고 실증적인 사고 방식, 인내심 등이 비단 연구 개발 이외에도 다양한 분야에서 큰 역할을 수행하는데 도움이 되기 때문이리라 생각한다.

결론적으로 석사 학위자들은 기존의 학부 졸업생과 직업을 선택하는데 큰 차이가 없다고 보는 것이 합당하다. 기업들은 석사 학위 소지자들에게 1년 이상의 경력을 인정하고 있다. 학위를 받는데 보통 2년의 시간을 투자하는데도 경우에 따라 1년만 경력을 인정받는 것에 대해 불만이 있을 수 있으나, 대부분의 경우 학부 졸업자에게 주어지는 직장보다 훨씬 수준 높은 직장을 얻을 수 있어 그 1년을 '시간 낭비'라고 탓할 필요는 없다고 본다. 평범했던 학부 졸업생이 석사 학위를 받는 과정에서 많은 연구 업적을 쌓고서 직장에 간 후 아주 수준 높은 인재로 거듭나는 경우를 드물지 않게 본다.

석사 학위로 만족하지 못할 경우 박사 학위 과정에 진학하고 연구하여 논문 발표를 비롯한 소정의 절차를 거쳐 박사 학위를 받아야 할 것이다. 박사 학위 소지자의 경우는 전공에 대한 높은 전문성 때문에 직장을 잡는데 그 범위가 좁을 수 있을 수 있다. 그러나 연구 개발에 있어서 박사 학위란 일종의 연구 개발 리더가 갖추어야 할 면허와 같다. 만일 연구 개발을 직업으로 갖기를 원하는 사람인 경우 박사 학위를 취득하는 것이 기본임을 명심해야 한다. 그것은 박사학위가 갖는 학문의 최고 전문가로서의 의미가 적지 않으며, 박사학위를 소지한 사람만이 대부분 연구 개발의 최고 전문가가 되곤 했다는 과거 경험의 무게 때문이다. *

---

* 물론 예외도 있다. 생체 고분자 해석 방법을 독자적으로 개발한 공로를 인정받아 2002년 노벨 화학상을 수상한 일본의 다나카 고이치(田中耕一)는 일본 도호쿠(東北) 대학에서 학사 학위만을 받은 학사 출신이다. 화학 분석 장비를 만드는 시마즈(島津) 제작소에서 만년 주임으로 20년간 근무한 샐러리맨 연구원이었다.

박사 학위를 받고 하는 일

박사 학위를 갖고 직장을 잡는 경우 연구 개발의 전문가로서 대부분 과장 이상의 직책을 갖게 된다. 기업 내의 연구 개발의 중간 책임자로 첫 직장을 갖게 되는 셈이다. 물론 아래로는 많은 전문 연구원 또는 연구 보조원과 협력하여 함께 연구 개발 업무를 수행하게 된다. 따라서 학위를 하는 도중에 함께 연구했던 동료 대학원생 선후배들과의 돈독한 인간 관계는 향후에도 성공적인 직장 생활에 긴요한 좋은 자산이 되니 소중하게 여길 줄 알아야 한다. 물론 박사학위 소지자 중에는 기업의 연구 개발 업무를 맡는 것에 만족하지 않고 학위 과정 중 얻은 아이디어를 중심으로 손수 벤처 창업에 나서는 경우도 있으며 대학이나 국공립 연구소에 직장을 잡는 경우도 있다.

대부분의 국내 이공계 대학은 교수 임용시 대부분 박사학위를 요구한다. 정부 출연 연구소 또한 매우 매력적인 직장이다. 대부분의 공업 분야마다 우리나라는 많은 정부 출연 연구소를 운영하고 있으며 일반적을 박사학위 소지자는 입사하면서 선임연구원의 직함을 갖게 된다(요사이는 박사학위 소지자들이 너무 많아 입사 초반에 연구원 타이틀만을 주고 2년 후 승진시키는 경우도 많아지고 있지만 말이다). 선임연구원을 달고 한 4~5년간 근무를 열심히 하면 책임연구원으로 승진하게 되며 더 많은 권한과 책임을 갖게 된다. 선임연구원급 이상이 되면 보수나 직업적 안정성이 매우 높아지며, 박사 학위 소지자들에게 정부 출연 연구소는 대학 교수직과 함께 꿈의 직장(?)으로 알려져 있다.

박사후 과정(포닥)

일반적으로 대학에서 교수를 임용하는 과정은 수요가 있는 학과에서 특정 분야의 인력 충원 계획을 올리면 우선, 대학 당국이 일간지를 비롯한 다양한 언론 매체에 공고를 하는 절차를 거친다. 자기 세부 전공과의 유사성을 잘 살피고 임용 원서를 준비하여 제출하면 1, 2차로 나누어 교내외 전문가들의 서류 심사를 거쳐 구두 발표와 면접을 실시하게 된다. 최근에는 외국어 능력에 비중을 두어 교수를 임용하는 경우가 많아지고 있는 경향이어서 이공계 분야라고 해도 외국어로 자기 전공에 대한 발표를 할 기회를 자주 갖는 것이 좋다. 교수를 뽑는 기준은 기본적으로 교육자로서의 자질이 중요할 것이되, 최근에는 연구 개발 능력을 가장 중시한다고 볼 수 있다. 따라서 석박사 학위 과정 중의 뛰어난 연구 성과와 권위

있는 국제 학술지에 많은 논문을 투고해 두는 것이야말로 학위 소지자의 평생 직장과 삶을 좌우하는 사전 준비라고 말해도 과언이 아니다.

박사 학위 취득 직후 많은 연구자들은 추가적인 연구 능력 함양을 위해 국내외의 대학이나 연구소 또는 기업으로 박사 후 연구원(post-doctoral fellow ; 흔히들 '포닥'이라고 약칭한다)을 신청한다. 국내 학위 소지자들은 여건이 허락한다면 외국 대학 또는 외국 연구소로 포닥을 떠나서 해외에서의 연구 개발 경험을 쌓는 것도 유학파들에 비해서 상대적으로 부족한 외국어 실력을 보충하고 해외의 새로운 연구 시스템에 대한 경험을 쌓는데 긴요하다. 사실 학위 과정 중의 연구 분야나 완성도 또는 업적은 학위 지도 교수에 의해 좌우되는 부분이 절대적이지만 포닥의 경우는 자신이 실험실을 정하고 일단 실험실에서도 독립적인 연구원으로서 자신의 연구를 수행할 수 있다는 점에서 본인에게 지워지는 책임이 막중한 시기라 할 수 있다. 포닥은 진정한 연구개발 전문가인 박사로서의 마지

막 준비 기간이므로 어디서 어떤 연구 파트너와 함께 일할 것인지를 신중하게 결정하게 되는데, 해외로 나간 많은 연구자 가운데 상당수에겐 다시 국내로 돌아오지 않고 해외에서 바로 직장을 잡아 정착하는 기회도 많이 주어지는 편이다. 평생을 좌우하게 될 매우 중요한 결정이 필요한 시기가 바로 박사 학위 취득 후임을 명심해야 한다.

대학 교수

대학에서 교육을 담당하는 사람들은 의외로 다양하며, 여러 형태가 존재한다. 시간 강사, 겸임 교수가 있으며 강의 교수, 연구 교수, BK 교수 등등 다양한 비(非)정년 트랙의 교수가 있고, 본인이 열심히 연구하고 교육에 전념하면 정년까지 재직할 수 있는 정년 트랙의 전임 교수도 있다. 물론 최근에는 비정규직을 많이 줄이고 있는 사회 분위기이긴 하지만 대학에서 각종 비정규직 교수들이 교육을 담당하고 있는 비율은 일반인의 상식보다 무척 높은데 넉넉하지 않은 한국 대학들의 재정 형편상 이렇게 된 부분도 있겠지만 국가 백년대계를 생각할 때 학문 후속 세대의 안정적인 육성이 긴요한 점을 생각한다면 앞으로는 반드시 개선되어야 할 부분이다.

시간 강사도 비정규직 교수 중의 하나이다. 박사 학위 취득 후 학문과 교육에 뜻을 두고 있는 사람들이 여러 대학을 다니면서 특정 교과목의 강의를 담당하는 사람들을 일컬어 시간 강사라 한다. 일반적으로 학기별로 강의를 담당하게 되며, 그 과목이 끝나면 실제로 더 이상의 대학에 대한 계약은 없는 경우가 많다. 시간 강사는 정식으로 교직원이 되기 전 강의에 대한 훈련의 기회로는 아주 훌륭한 경험이 될 수 있기 때문에 한번씩은 꼭 해볼만 하다. 그러나 임시 계약에 의존하므로 직업적 안정성이 좋지 않아서, 정식 계약을 맺는 정규직 직장을 되도록 빠른 시일 내에 찾도록 노력하는 것이 중요하다. 임시직이란 아무래도 짧을수록 좋다. 2년 단위로 계약하고 대학과 교수 본인이 합의하면 계약을 연장할 수 있는 등 정도의 차이는 있지만 강의 교수, 연구 교수, BK 교수 등등 다양한 비정년 트랙의 교수도 마찬가지라고 본다.

앞에서 언급한 바와 같이 교수 임용 공고 이후 여러 절차를 전부 밟아 교수로 임용되면 그때 바로 주어지는 직위는 임용자의 경력에 따라 다소 차이가 있다. 예를 들면 박사 학위를 갓 받은 임용자는 조교수보다는 전임 강사의 타이틀이 주어지는 경우가 많다.* 전임 강사의 경우도 교수라고 불리우나 2년 정도의 기간 후 승진 기회가 주어지며 조교수로 비로소

명칭에 교수라는 딱지가 붙게 된다. 조교수를 4~5년 정도 하게 되면 또 한번의 승진 기회가 주어지는데 부교수가 바로 그것이다. 부교수를 5년 정도 거치면 비로소 정교수에 도달하게 된다.

많은 대학이 정교수가 되기 이전엔 이른바 정년 보장(tenure)을 해주지 않는다. 정년보장이란 만 65세까지 교수들에게 정년을 보장해 주고 안정적인 환경에서 교수직을 수행하도록 하는 제도이다. 선진국에서는 이 정년보장을 엄격하게 적용하는 기준을 정하고 조교수 또는 부교수 재직 기간 중에 그 심사를 하는데 수준 높은 학교일수록 정년 보장 기준도 매우 엄격하여 중도 탈락도 많다. 국내 대학 또한 예외가 아니어서 학교별로 경쟁적으로 정년 보장 심사 기준을 올리고 있으므로 옛날처럼 교수직이 결코 안정적이지 않다는 것이 중론이다. 또한 최근에는 정년보장을 받았어도 연구 성과 등을 기준으로 교수 업적으로 평가하여 다양한 인센티브 차별 등을 통해 결국 평생 심사에서 벗어날 수 없게 되어 있다. 사실 우리나라의 정년보장은 서양과는 달리 정년이 65세로 법규에 정해져 있는데 미국의 경우 이런 명시적 정년은 없고 교수가 원하면 70세를 훨씬 넘어서도 연구 능력과 체력이 뒷받침 되는 경우 본인이 고사할 때까지 교직을 계속할 수 있는게 보통이다.

기업 연구소 취업

기업 연구소는 앞에서 언급한 바와 같이 기업의 영리 활동을 위한 기술 개발을 담당하며 경우에 따라서는 마케팅을 담당하기도 한다. 기업은 신기술 개발을 통해 시장에 진입하고 이윤을 창출하는 것이 가장 중요한 목표이므로 신기술 또는 신제품의 개발을 위한 우수 인력 확충에 노력하게 된다. 기술 개발에 경험이 있는 우수한 석사 박사 인력은 당연히 매우 높은 지위 또는 보수를 주고 유치해야 할 대상인 것이다.

그러나 기본적으로 대학에서 지향하는 연구 개발과 기업이 요구하는 연구 개발 능력에는 다소 거리가 있다. 대부분의 기업들은 연구 개발을 위해 10년, 20년씩의 장기적인 연구 개발 투자를 할 여력이 없다. 또한 진득하게 전략적으로 연구하여 원천기술 개발을 성공시키면 좋기야 하겠으나 아무래도 급박하게 돌아가는 신제품의 출시 주기를 볼 때 기업은 필요한 기술이 있다면 하루 빨리 아웃소싱(outsourcing)을 통해 조달하고 제품화가 빨리 되는 기술개발 활동에 주력하려는 유혹을 느끼게 마련이다. 따라서 기업 연구소에서의 연구개발은 원천 기술의 개발보다는 경쟁사 기술의 분석, 제품에 필요한 신기술 개발, 신제품 제조 등과 같은 비교적 단기적인 연구 개발을 주 업무로 삼게 된다. 실험실에 오래 앉아서 장기간 실험하는 식의 업무보다는 기술 분석과 회의, 토론, 그리고 발표 등의 업무가 주(主)인 경우가 많다.

최근에는 우리나라 일부 대기업에서는 기초 기술 개발에 대한 의지가 강해지고 원천 기술에 대한 중장기 투자도 아끼지 않을 만큼 연구 개발 예산의 규모도 커지고 기업 재무상의 여유도 생기고 있긴 하다. 그러나 대학이나 국공립 연구소와 기업 연구소의 이와 같은 연구 개발에 대한 근본적인 인식 차이는 항상 염두에 두어야 할 것이다. 따라서 기술 개발을 사업의 영역을 확대하기 위한 수단으로 추진한다는 개념이 기업 연구 개발의 핵심 개념임을 염두에 두고, 향후 기업이나 대학 또는 국·공립연구소로의 진로를 고심할 때 참고하면 도움이 될 것이다.

학회 활동과 논문, 특허

이공계에서 분야별 학회가 존재하지 않는 학문 분야는 거의 없다. 그만큼 학회는 같은 학문을 지향하는 사람들이 모여 학문의 발전을 도모하는 단체로서 우리나라 과학기술의 근간이 되고 있다. 또한 새로운 과학 기술이 발전이 일어나는 장(場)이자 인접 학문 간의 다양한 조합과 융합이 일어나기도 하고 구성원들의 봉사를 통해 과학기술을 대중과 소통시키고 인력을 길러내는 역할도 수행하고 있다.

이러한 학회는 일반적으로 일년에 두 번의 학술대회를 통해 다양한 과학 기술 결과물의 발표의 장을 갖게 된다. 석 · 박사 과정 대학원 기간 중 또 다른 중요한 이벤트 중 하나는 학회 발표가 될 것이다. 주로 학회 발표는 두 가지 형태의 발표로 이루어지는데 그것은 구두(oral) 발표와 포스터(poster) 발표가 그것이다. 구두 발표는 주어진 시간 안에 자신의 과학 기술적 주장이나 연구 결과를 구두로 발표하고 전문가들의 대면 토론을 통해 진실성을 논하는 형태이다. 포스터 발표라 함은 연구 결과의 발표 내용을 포스터로 만들어 발표장에 게시하고 참관자의 질문에 대한 토론과 설명이 이루어지는 형태이다. 주로 석사 과정 학생인 경우 포스터 발표 위주로 이루어지며 박사 과정 이상인 경우 구두 발표를 권장하는 것이 일반적이다. 학회에 따라서는 발표의 완성도나 우수성을 채점하여 우수 논문 발표상 등을 수여하는데 이러한 수상을 하게 되는 경우 연구 능력의 우수성을 인정받는 또 다른 경력이 될 수 있으니 가볍게 볼 일은 아니다.

특정한 연구 결과가 완성되고 진보성이나 우수성이 이루어진다면 보통 가장 먼저 이루어지는 검증 단계는 학회 발표이다. 학회 발표는 때로는 공격적인 전문가와의 상호 토론을 통해 기술의 우수성을 검증하는 검증의 장인 까닭에 자신의 연구에 오류와 실수가 있는 경우 바로 드러나게 마련이어서 기술의 객관적 점검의 장이 될 수 있다.

이러한 단계를 거쳐 기술의 진보성과 신규성 및 창의성이 인정되면 논문에 앞서 특허(patent)를 취득하는 것이 가장 중요한 단계이다. 어떤 기술의 발명인 경우 특허 단계를 무시하고 논문 투고가 이루어지면 발명의 신규성이 무너져 특허를 낼 수가 없다. 특허의 경우 가장 중요한 요소는 기술의 신규성이다. 특허는 기술의 명세서와 신고서를 작성하여 특허청에 제출하면 끝난다. 본인이 직접 이 서류들을 작성해도 안될 것은 없지만 시간과 비용 측면을 감안할 때 일반적으로 변리사를 통해 명세서를 공동 작성하게 된다. 변리사는 기술의 이해를 발명가를 통해 실현하고 발명의 신규성을 부각시키는 명세서를 작성한다. 특허는 신청 국가에 따라 국내 특허 또는 해외 특허로 나눌 수 있으나 PCT(patent cooperation treaty)라고 하는 세계 특허의 형태도 있다. PCT는 세계의 모든 국가에 유효한 특허가 아니라 각국의 특허 신청 절차가 다름에 따라 시간이 너무 많이 걸린다는 이유로 각국의 신규성을 일단 인정받고 특허 신청은 차후에 한다는 의미를 지니는 특허 형태 중 하나이다. 특허는 대개 두 단계를 거쳐 등록을 하게 된다. 출원 과정은 최초의 특허 명세서와 신청서를 내고 심사를 받는 과정이며 나중에 특허청의 심사를 통과하면 등록 결정을 받고 등록 절차를 받게 되면 비로소 특허 등록을 하게 된다.

4장. 창업과 벤처기업

들어가는 말

우리나라가 선진 경제국의 대열에 합류하기 위해서는 사업 규모가 커 국가 경제를 리드하는 대기업의 역할도 중요하겠지만, 그에 못지않게 내실이 알찬 중소기업들이 많아야 한다. 기술 혁신이 경제 발전의 촉매 역할을 하고 있는 현대 산업 사회에서, 이러한 역할을 충실히 감당할 수 있는 창의적인 벤처 기업이 많이 필요한 것은 자명한 사실이다.

최근 우리나라의 경제 성장이 많이 둔화되었다는 지표는 쉽게 찾아볼 수 있으며 그런 징후는 점점 더 많이 체감되고 있다. 1990년대 후반 이후 온 세계가 함께 겪고 있으며 여러번 계속되고 있는 글로벌 경제 침체가 그 원인 중 하나일테지만, 우리나라의 경제 규모가 생산 요소의 투입 확

대를 통해 달성할 수 있는 양적 성장 한계에 이미 도달했기 때문이라는 의견도 설득력이 있다. 자본과 노동을 집약해서 이루어내는 양적 성장을 위주로 하는 경제수준을 넘어서게 되면 구(舊)경제는 한계에 봉착하게 되며 그때부터는 새로운 방식의 노력이 필요하다. 기술 혁신과 창의적 정신에 의한 새로운 혁신이 필요하게 된다는 것이다.

우리나라는 지금 신규 창업에 주목해야 한다. 혁신적인 기술과 창의적 사업 아이디어를 기반으로 패기 넘치는 벤처 기업가들이 늘어난다면 우리나라 산업의 역동성과 생산성은 질적으로 배가될 수 있기 때문이다. 그 어느 때보다 혁신적 기업인이 필요하고, 높은 실업률이 고착화 되고 있는 사회 속에서 새로운 일자리를 창출하고 경제를 이끌어갈 수 있는 유일한 동력은 바로 이러한 벤처 창업에 있다 하겠다. 혁신적신기술의 개발을 장려하고, 개발된 기술을 바로 사업화 하는 창업을 더욱 장려하고, 그 창업의 성공 가능성을 높이는 사회적이고 제도적인 방법을 도출하는데 함께 고민하는 것이야 말로 우리 사회가 당면한 중요한 과제라고 사료된다.

하지만 이러한 중요성에도 불구하고 창업에 대한 연구와 교육은 상대적으로 매우 부족한 실정이다. 창업을 연구하고 교육하는 학자들은 매우 빠르게 변화하는 산업 환경의 변화와 창업 시장의 흐름을 주의 깊게 검토하고 연구하여 창업에 필요한 다양한 기반 지식과 과학적 자료들을 생산하여야 하며 이를 바탕으로 학교에서 창업에 대하여 교육해야 할 필요성이 그 어느 때보다 크다. 따라서 본 장에서는 벤처 창업에 필요한 여러 가지 중요한 내용을 다루게 될 것이다.

창업과 기업가

창업이란 '사업 등을 처음으로 이루어 시작하는 것' 또는 '사업의 기초를 세우는 것'으로 설명할 수 있다. 창업은 사업을 하기 위한 시작이며, 사업의 기초이자 출발점이라 할 수 있다.

조금 더 구체적으로 정의하자면 창업이란 **한 개인이나 법인이 특정한 창업 아이디어를 가지고 자본을 동원하여 특정한 고객의 필요를 만족시키는 제품이나 서비스를 만들어 이를 시장에 유통시키는 행위**라고 정의할 수 있다. 사업이 어떤 일을 목적과 계획을 가지고 지속적으로 경영하는 것이라 한다면 경영이라 함은 이러한 사업의 운영의 성과를 높이기 위한 일련의 과정과 계획된 행동이라 할 수 있다. 창업이 사업을 새로이 시작하는 것이라 하면 이를 움직이는 주체가 바로 창업자, 기업가라 할 수 있다.

기업에 있어서는 창업과 경영의 주체가 되는 기업 활동의 주체가 꼭 필요한데, 이 주체가 바로 기업가이다. 기업가에게는 반드시 기업가 정신이 필요하다. 창업자 혹은 기업가 정신은 진보적이고 창조적인 사고로 대표되는데, 무에서 유의 가치를 창조하려는 정신적 자세로 설명할 수 있다. 서구 자본주의는 17~18세기 중상주의(重商主義) 시대 이래로 모험심과 창의력을 갖춘 기업가들을 중심으로 발전되었다. 현 시대에도 역시 그 당시의 기업가 정신으로 무장한 창의적인 기업가들이 끊이지 않고 등장하면서 경제를 이끌어 가고 있는 새로운 동력을 제공하고 있다.

슘페터(Joseph A. Schumpeter)는 기업 발전과 경제 발전의 원동력을 내부로 부터 기존의 방식을 쇄신하는 소위 '창조적 파괴(creative destruction)'

의 과정으로 보았는데, 기업가는 이러한 일련의 창조적 파괴의 과정에서 기업 혁신을 이끌어 갈 수 있는 것이다. 기업가는 창조적인 능력을 갖고 신제품 개발, 기존 기술의 개량, 신규 시장의 개척, 기업 조직의 민첩한 관리·운영을 통해 새로운 이윤 창출을 주도적으로 이끌어야 한다. 성공적인 기업은 반드시 혁신, 창조, 새로운 가치 창출, 고부가가치의 추구, 지속적 성장, 독창적 기술 개발 등의 과업을 추구해야 하며, 훌륭한 기업가 정신은 기업 조직을 운영하고 이를 뒷받침하는 경영 정책을 추구할 수 있게 하는 원동력이 된다.

훌륭한 기업가 정신에 대하여 경영학자 돌린저(Dollinger)는 다음과 같은 세 가지의 공통된 특성으로 요약될 수 있다고 하였다. 첫째는 창의성과 혁신성(creation), 둘째는 자원을 조달하고 경제적 조직을 결성하는 일(economic organization), 셋째는 각종 위험과 불확실성 가운데서 이윤을 증대하거나 창출하는 일(risk and uncertainty)이라고 요약하였는데, 명료하게 잘 정리된 요약이라는 생각이다.

기업을 새로이 설립하는 창업활동은 업력(業歷)이 오래된 기업의 운영활동들과 많은 점에서 다른 특성을 갖고 있다. 창업 결정은 전형적인 '불확실성 하에서 의사 결정'이라는 특성을 갖는다. 창업은 이제까지 전혀 경험하지 못한 상황 가운데서 성패가 불확실한 미지의 사업을 시작하는 것이기 때문이다. 또한 창업은 기존에 없던 새로운 성격의 인적, 물적 자원의 투입이 요구된다. 그러나 이러한 자원의 투입에도 불구하고 사업 성과가 어떻게 나타날 것인가는 여전히 불확실할 수밖에 없기 때문에 창업에는 대단히 큰 위험이 수반된다. 따라서 창업은 본질적으로 진취적이고 창조적인 사고를 갖고 있으며 모험을 감수하는 용기와 담력을 갖춘 기업가들에 의해서 시작된다. 즉 창업은 사업가적 기질을 갖춘 야심가,

자기 사업을 통해 자아 실현을 꿈꾸는 사람들에 의해 추진되는 것이다.

창업의 3요소는 일반적으로 인적 자원, 제품 및 아이디어, 자본 3가지로 요약될 수 있다. 이들 창업의 3요소가 함께 모여 비로소 창업이 이루어지게 되는 것이며, 인적 요소를 대표하는 창업자, 제품 아이디어를 대표하는 창업 아이디어, 그리고 자본 요소를 대표하는 창업 자본이 함께 집결하여 창업이 이루어진다 하겠다.

창업 아이디어란 사업의 구체적인 아이디어, 즉 창업을 통해 무엇을 만들고 어떻게 시장에서 판매할 것인가에 대한 사업 내용을 의미한다. 창업 아이디어란 벤처 기업의 존재 이유와 목적을 대변하는 기초적으로 중요한 요소이다. 제품은 충분한 시장 수요를 가져야 하는데 시장수요란 제품의 효용 가치가 제품의 가격보다 크다고 대중들이 인식할 때 형성된다. 창업 아이디어는 창업자의 창조성으로부터 탄생하며, 이후 거듭되는 검토 과정과 여러 가지 추가되는 분석 정보를 통하여 구체화된다. 창업 제품은 다음과 같이 크게 세 가지로 분류할 수 있다.

1) 기존의 존재하던 제품이나 용역을 개량 내지 개선하여 더욱 경쟁력 있는 제품을 시장에 제공하는 경우이다. 이 경우 시장의 과거 경험으로부터 비교적 명료하게 수요를 예측하고 시장 환경을 예상할 수 있기 때문에 사업 위험성은 크지 않지만, 기존의 제품과 경쟁 구도를 가지고 사업을 이끌어 가야 하는 단점이 있다.

2) 이제까지 시장에 존재하지 않던 제품이나 용역을 전혀 새로운 방식으로 생산하여 시장에 제공하는 경우이다. 이와 같은 창업 아이디어는 기존 시장의 분석을 통해서는 전혀 수요를 예측할 수 없게 마련이므로 사업 위험성도 상당히 크다. 그러나 이러한 유형의 창조적인 아이디어를 바탕으로 한 제품은 만약에 성공한다면 새로운 시장에 경쟁 없는 제품으로 큰 성공을 거둘 수 있다.

3) 기존의 생산업자로부터 특정 제품이나 용역을 공급받아 독점적인 판매권을 획득하여 독점 시장을 갖는 경우이다. 이는 특허에 의한 기술 독점이나 계약에 의한 판매 독점권을 획득하여 제품을 시장에 공급하는 경우인데, 이 경우 경쟁의 위험이 크게 감소된 시장을 확보할 수 있다. 그러나 독점권을 획득하는 것이 쉽지 않다는 기본적 한계가 있다.

창업 요소 중 가장 중요한 비중을 차지하는 자본이라 함은, 창업 아이디어를 구체적으로 상품화 하는데 필요한 자본을 의미한다. 여기에는 기술 개발, 기계와 설비 구축, 재료나 부품의 구입, 생산 비용, 건물의 확보, 운영 자금, 제품 홍보 비용 등이 모두 포함되는데, 이러한 생산에 필요한 자재나 부품, 기계 및 설비, 그리고 공장 인프라, 인건비 등은 결국 자본의 투자에 의해서만 준비가 가능하기 때문이다. 자본은 자기 자본과

타인 자본으로 구분 할 수 있다. 창업에 소요되는 자본의 크기는 늘 창업을 결심했던 최초의 예상보다 증가하게 되는 경향이 있기 때문에 창업의 초기 단계에서부터 필요한 자본의 액수를 산출하고 자기 자본과 타인 자본을 어떻게 조달하고 운영할 것인가에 대한 구체적이고도 체계적인 계획이 있어야 한다. 타인의 자본에도 벤처 캐피탈과 같은 류의 자본 투자와 기술 평가에 의한 운영비 투자 등과 같은 여러 가지 유형의 타인 자본이 있으므로 이에 대한 지식도 미리 갖추고 있어야 한다.

성공적인 창업가의 특성

사업을 시작하는 사업가는 앞서 사업에 성공한 타인의 사례를 살펴보고 그 성공의 핵심 요인을 파악하는 것이 중요하다. 주목받는 기업의 성공한 창업가는 험난한 역경과 도전을 극복하고 남다른 지도력과 투철한 신념을 가지고 힘든 노력을 거듭하였을 것이다. 성공한 사업가의 일반적인 특성을 파악하고 그 공통적인 성향을 정리하여 보는 일은 늘 중요한 법이다. 성공한 창업가의 특성을 다음과 같이 정리하여 보고자 한다.

1) 열정과 책임 의식

일에 대한 열정이야 말로 성공한 기업가가 되기 위한 첫번째 필수 요건이다. 성공한 사업가들은 거의 대부분 결과 지향적이며 성격 면에서도 다혈질이고 성취 욕구가 매우 강하다. 사회적인 지위나 권력을 추구하는 경향이 강하며, 보통 사람들보다 성공과 일에 대한 열정이 뛰어나다. 또한 맡은 바 일에 대한 강한 책임 의식을 가지고 있다.

2) 모험심과 결단력

새로운 상황이 발생하고 전개되기 마련이다. 이러한 연속적인 새로운 상황의 발생 및 전개를 두려워하지 않고 즐길 줄 알며 오히려 이에 대한 모험심이 있어야 창업가가 될 수 있다. 성공한 창업가는 위험성이 많은 사안이라 할지라도 그러한 사안을 수행하는 도전에 주저하지 않는다. 또한 결단을 내려야 하는 시점에 맞닥뜨리는 경우, 망설이지 않고 결단력을 발휘하여 일을 수행한다.

3) 자신감과 긍정적 사고

성공한 창업가는 일반적으로 매사에 긍정적으로 사고하며 성공에 대한 자신감을 가지고 있다. 스스로 원하는 것은 무엇이든지 이룰 수 있다는 긍정적 사고를 갖고 있다는 것인데, 이러한 사고방식은 불확실한 환경 속에서도 성공에 대한 강한 자신감으로 이어지며 결국은 좋은 결과를 가져오게 된다.

4) 실패를 교훈으로 삼는 지혜

성공한 사람들의 한결같은 특징은 실패를 하지 않는 것이 아니라 실패를 통해서 자신을 업그레이드 한다는 것이다. 실패를 통해 드러나는 자신의 부족함을 보완하고 이를 바탕으로 더 나은 성과를 도출할 수 있는 능력을 배양하는 것이다.

5) 창조적 사고

남들이 생각하듯 생각하고 남들이 행동하듯 행동하는 사람은 결코 성공적인 창업가가 될 수 없다. 시장에서 필요한 제품을 만들 때, 그 어느 곳에서도 만들 수 없는 제품을 만들거나, 그 누구도 생각할 수 없는 독특한 제품을 만들어야만 무한 경쟁의 논리가 지배하는 시장에서 경쟁력 있는 제품으로 살아남을 수 있기 때문이다. 남들이 쉽게 모방 할 수 있는 제품을 시장에 내 놓는 사업가는 그 사업을 통해 가격경쟁을 할 수밖에 없으며 따라서 적절한 이윤을 창출할 수 없는 사업구조로 전락하게 될 것이 자명한 사실이기 때문이다. 따라서 훌륭한 창업가는 창조적 사고를 통해 경쟁력 있고 창조적인 제품을 시장에 제공할 수 있어야 한다.

6) 종합적인 사고와 분석적인 능력

급변하는 시장 속에서 변하지 않는 것이라곤 아무 것도 없는게 현대의 사회라 말해도 과언이 아니다. 사업은 이러한 상황과 환경의 변화가 시시각각 벌어지는 마치 전쟁터와도 같은 여건 속에서 진행되기 마련이다. 따라서 성공한 사업가는 급변하는 변화를 유연하게 대처할 수 있는 종합적인 사고 능력과 멘탈을 갖추어야 한다. 또한 그러한 변화의 원인을 분석하고 이를 유연하고 슬기롭게 극복할 수 있는 능력을 갖추어야 어려운 문제들을 적시에 해결해 나갈 수 있다.

벤처기업의 태동과 그 특성

1990년대 들어서 PC와 인터넷 신기술의 붐을 타고 미국 경제가 최대

의 호황을 구가하고 있는 가운데 노사 관계도 안정됨에 따라 외국 기업
들의 대미(對美) 투자 진출이 폭발적으로 늘어났다. 그러나 미국 경제가
활성화 되는 이 시기는 성장 시장으로 각광을 받아오던 동남아경제가 외
환 위기 등으로 곤경을 겪고 있고, 한국의 경제 또한 한보, 기아, 대우 등
재벌 대기업의 잇단 부도 사태로 경제 불안이 고조되고 있던 시점이기도
하였다. 자연히 세계 각국에서 미국 경제를 벤치마킹 하겠다는 움직임이
일어났는데, 이것은 무엇보다 야후, 시스코, 아마존, 이베이 등과 같은
간판급 벤처 기업이 미국의 경쟁력 회복에 결정적인 기여를 했다는 분석
에서 비롯된 것이다.

　당시 우리나라 정부에서도 향후 국가 산업 정책의 핵심 요건을 벤처
기업 육성을 통한 기업 경쟁력 강화와 작고 강한 기업으로의 산업 구조
조정에 달려 있다고 판단하였다. 벤처 기업을 중심으로 경쟁력을 회복한

미국식 구조 조정을 모델삼아 한국에서도 벤처 기업 육성을 통해 대기업 중심의 경제 성장 모델이 잘 작동하지 않아 어려움을 겪고 있는 상황을 타개하고자 하였던 것이다. 벤처 기업은 일반적으로, 미래에 있어 가장 부가가치가 높은 산업에 선별적으로 집중 투자가 이루어지는 경향이 있고, 이러한 집중 투자는 산업계 전체의 기술 기반 강화 및 기술 수준 향상으로 확산될 것으로 기대했던 셈이다. 또한 벤처 기업은 기존의 산업 분야와는 전혀 다른 새로운 분야를 주요 진출 대상으로 하는 경우가 많기 때문에 신규 고용 창출 효과가 크며 수입 대체 효과도 커서 국제 수지 개선에도 긍정적 영향을 미칠 수 있게 되리라 판단했던 것이 당시 정부의 입장이었다.

오늘날의 기업 경영 환경은 고객들의 수요(needs)가 다양화되고 개성화되기 때문에 과거 양(量) 중심의 생산체제에서 질(質) 중심의 소량 다품종 생산으로 그 트렌드가 변화하고 있다. 이러한 트렌드 변화에의 기민한 대응에는 중소기업이 효과적이며, 특히 신기술 라이프 사이클은 일반적으로 매우 짧기 때문에 벤처 기업이 그 중심적 역할을 담당할 수밖에 없는 것이다. 벤처 기업은 대기업에 비하여 영업 기반이 약하기 마련이지만 기민한 기술 개발을 추구함으로써 환경 변화에 적절히 대응할 수 있는 민첩한 경영에 유리하기 때문에 대기업과 상호보완적인 역할을 담당할 수 있다. 또한 대기업에 집중된 현재의 경제 구조를 중소기업 중심으로 전환시킴으로써 경제력 집중을 완화하고 기업의 역동성을 제고하는 역할을 벤처기업이 담당할 수 있을 것이다.

벤처 기업은 대학 및 연구 기관 또는 대기업에서 연구 결과를 제품으로 개발해 나갈 수 있는 능력을 갖추고 있는 사람 또는 기존 조직 내에서는 그 프로젝트를 수행할 수 있는 사람에 의해 설립되는 경우가 많다. 기술 혁신으로 창업한 기업가 중에는 대기업, 대학 또는 연구소 출신이 유난히 많은 이유가 이때문이다. 사주(社主)의 권한 위임에 따라 전문 경영인에 의해 운영되는 재벌 대기업과는 달리 벤처 기업은 개성이 강하고 활동력이 왕성한 창업가에 의해 경영이 이루어진다. 경영조직은 동적이며 수평적이고 인간 중심의 조직을 형성함으로써 능력을 발휘하는 인적 경영 자원을 축적하기 용이하다. 새로운 기술과 독창적인 아이디어로 대기업이나 기존 기업과는 차별화된 분야에서 주로 활동하며, 수요 및 기술의 불확실성으로 인한 위험을 수반하지만 성공한다면 기술 및 시장 우위를 획득하여 독점적 지위를 향유할 수 있다. 성공 여부를 결판짓는 가장 중요한 관점은 시장성인데, 일반적으로 시장성 있는 사업을 전개하는 벤처 기업의 경우 매출 성장률, 영업 이익율, 수출 성장률 등이 기존 중소기업에 비해 월등이 높고 우수하다.

벤처 기업은 규모가 작고 역동적이며, 기업의 역사가 짧고, 새로운 산

업 분야에서 품질 경쟁력이 높은 기술 집약적인 제품이나 용역을 생산하여, 수익성이 높은 대신 위험성도 높다는 특징을 가지고 있다. 벤처 기업의 활성화는 첨단 산업 기반의 강화, 생산성 향상, 국내 산업 구조의 고도화, 신규 고용의 창출, 지역 경제의 활성화 등에 좋은 영향력을 끼치는 역할을 감당할 수 있을 것이다.

벤처 기업의 종류

벤처 기업을 창업하기 위해서는 법규에서 규정하는 벤처 기업의 종류부터 먼저 알아보는 것이 필수라 할 수 있다. 정부의 각종 혜택을 받을 수 있는 벤처기업은 중소기업기본법 제2조에 의한 중소기업으로서, 벤처기업육성에 관한 특별조치법상 다음의 요건을 만족하는 기업을 말한다.

1) 벤처 투자 기업
벤처 투자 기관으로부터 투자받은 금액이 자본금의 10% 이상인 기업으로서 투자금액이 5천만 원 이상이고 투자 내역을 유지한 기간이 벤처 확인 요청일부터 직전으로 연속하여 6개월 이상인 기업이다.

2) 연구 개발 기업
기술개발촉진법 제7조 규정에 의한 기업 부설 연구소를 보유하는 것이 필수이며, 업력(業歷)에 따라 창업 3년 이상인 기업과 3년 미만인 기업으로 구분된다. 창업 3년 이상인 기업은 벤처 확인 요청일이 속하는 분기의 직전 4분기 연간 연구 개발비가 5천만 원 이상이고 연간 매출액 대비 연구 개발비 비율이 벤처 기업 활성화 위원회의 심의를 거쳐 중소기업청장이 업종별로 정하여 고시하는 비율(일반적으로 5~10%) 이상이어야 한다. 창업 3년 미만인 기업은 벤처 확인 요청일이 속하는 분기의 직전 4분기 연간 연구 개발비가 5천만 원 이상이어야 하며 이때에는 연구개발비 비율 적용이 제외된다. 또한 연구 개발 기업 사업성 평가 기관*으로부터 사업성이 우수한 것으로 평가 받아야 한다.

3) 기술 평가 보증 · 대출 기업

기보(=기술평가보증)의 보증 또는 중소기업진흥공단의 대출을 순수 신용으로 받고 보증 또는 대출금액이 8천만 원 이상이며 당해 기업 총자산에 대한 보증 또는 대출금액 비율이 5% 이상이어야 한다. 또한 기보 또는 중소기업진흥공단 으로부터 기술성이 우수한 것으로 평가 받은 기업이어야 한다.

4) 예비 벤처 기업

벤처 기업의 창업을 위해 법인 설립, 사업자 등록을 준비 중인 자 또는 창업 후 6개월 이내인 자로, 준비 중인 기술 및 사업 계획이 기보 또는 중소기업진흥공 단으로부터 우수한 것으로 평가받아야 한다.

한국의 벤처 산업

21세기 지식 기반 경제하에서 한국 경제가 안정적으로 성장하기 위해 서는 1960년대 이후 이어져왔던 기존 성장 패턴을 답습하는데서 벗어나 경제 구조 자체를 지식 · 기술 집약형 산업 구조로의 전환하는 것이 시급 하다. 첨단 지식이란 수확체증(收穫遞增)적인 속성을 가지고 있어서, 지식 기반을 지금 다져놓지 않으면 곧 선진국과의 기술 격차가 더욱 벌어질

---

* 　기술보증기금, 중소기업진흥공단, 정보통신신산업진흥원, 한국발명진흥회, 한국과학기술정 보연구원, 한국보건산업진흥원, 전자부품연구원, 산업은행이 여기 속한다.

것이며 후발국의 맹추격에 쫓기는 신세로 전락할 것이기 때문이다. 개도국에서 선진국으로 진입하는 최대 관건이라면 기술 혁신이 주도하는 기업 시스템으로의 전환이기 때문에 기술을 바탕으로 창업하는 벤처의 활성화는 경제 전체에 새로운 바람을 불어넣을 수 있을 것이다.

우리나라 벤처 기업의 역사를 보면 1982년 창업한 큐닉스가 기술 집약적 벤처 기업의 효시라고 할 수 있을 것이며, 이어서 태일정밀, 메디슨, 한글과컴퓨터, 두인전자 등이 벤처 창업을 하였다. 초기 벤처는 열악한 인프라 하에서 국산화 기술에 치중한 경우가 많았으며 수입 대체 기술의 개발이 중심인 경우가 많았다.

소위 2세대 벤처 기업은 1996년 이후에 미국의 성공적인 벤처 기업 모델을 따라 등장하였다. 정부가 벤처 기업 육성을 위해 벤처 기업 특별법을 제정하고 본격적인 벤처 육성에 나섰으며, 벤처 캐피탈, 신기술 보육 사업, 코스닥 시장 등 '벤처 생태계' 조성으로 벤처 활동을 촉진하였다. 본격적인 벤처 산업의 붐은 아이러니칼하게도 IMF 외환 위기가 조성하였다. IMF 사태 이후 일반 기업의 부도 급증 및 주식 시장의 침체로 시중 자금이 투자처를 찾지 못하고 있었는데, 코스닥 시장이 활성화 되면서 벤처 투자자금으로 시중의 자금이 물밀듯 유입되었다. 코스닥 시장의 활성도를 대표해주는 코스닥 종합 지수는 1999년부터 급등세를 지속했고, 2000년 3월 17일 최고치인 283포인트를 기록한 후 지속적으로 폭락하여 그 해 12월말에는 53포인트*로 급락하며 기나긴 암흑기에 돌입했다.

---

* 코스닥 종합 지수는 2005년부터 기준치를 10배로 키워 산정하게 되었다. 2013년 2월 25일 코스닥 종합지수 527.27은 예전 기준으로 하면 52.7 포인트에 해당한다. 2000년 최고치 283포인트는 현 기준으로는 무려 2,830 포인트가 된다.

벤처 기업 주가 급락의 최대 원인은 미국 나스닥 시장의 대폭락이며 이로 인해 한국 벤처 기업의 가치도 재평가될 수밖에 없었다. 특히, 아마존이나 야후 같이 당장의 수익력이 취약한 인터넷 기업의 주가 폭락으로 벤처 기업에 대한 막연한 기대감이 붕괴되고 만 것이다. 나스닥 대폭락 이후 회원 수, 평균 방문자 수 등 막연한 미래 가치의 가능성만 믿기보다는 기업 가치 산정에 있어서 현재의 매출과 이익 발생 구조를 중시하게 되는 기조가 만들어졌다. 우리나라에서도 벤처 기업 붐을 틈타서 치밀한 사업 계획이나 확실한 수익 모델 없이 무작정 창업하는 사례가 적지 않았는데, 이는 시장을 서둘러 선점하겠다는 목적도 있었겠지만 과도한 창업 지원과 그에 따르는 모럴 해저드*, 코스닥 상장을 통한 자본 이득 추구에 대한 지나친 욕심이 원인이었다. 매년 증가하던 벤처 기업의 등록은 2002년부터 줄어들기 시작하였는데, 등록된 벤처 기업 수는 1998년 304개에서 2001년 11,400개로 증가하였다가 2002년 8,700개, 2003년 7,700개로 감소 일로를 걷다가 그 이후 다시 증가하여 2011년도에는 약 27,000여개로 파악되고 있다.

근래들어 벤처 기업이 다시 늘어난 것은 중소기업청이 추진해 온 벤처 창업 보육 사업, 벤처 기업 육성 촉진 지구 지원 사업, 기술 혁신 개발사업 등 적극적인 벤처 육성책이 효과를 본 것으로 이해된다. 벤처 캐피탈 업계도 이제는 성장 가능성이 있는 유망 벤처를 선별하여 투자를 집중하는 경향을 보이고 있다. 유망 벤처는 투자를 원하는 벤처 캐피탈이 줄을 서니 자금이 오히려 풍족하고 성장성이 불투명한 벤처 기업은 철저히 투자에서 외면을 당하고 있다.

---

*   moral hazard. 일반적으로 '도덕적 해이'라고 번역한다. 경제 주체들이 도덕적으로 타락하여, 불법과 탈법을 오가며 사사로운 이익을 추구하는 현상을 말한다.

이러한 조정 후 침체, 재성장기에 있는 우리나라 벤처 기업들의 최근 동향을 요약해보자. 첫째, 벤처 붐으로 자금여력이 생긴 벤처 기업들은 수익 모델을 확보하기 위해 오프라인 대기업들과 전략적 제휴 맺고자 노력하고 있다. 기존의 제조업체들도 오프라인에서 온라인으로의 인터넷 마케팅 환경 변화에 대응하여 온라인화를 추진하고 있는 곳이 적지 않으며 유통 및 관련 각 부문에서 비용 절감 효과가 탁월한 전자 상거래 구축에 주력하고 있다. 둘째, 벤처 지주 회사를 통한 연합 형식의 기업군을 형성하고 있다. 일부에서는 벤처 지주 회사의 등장을 놓고 과거 대기업의 문어발식 확장과 비슷하다고 비판하기도 하고 일부 사실인 점도 있으나, 벤처 기업들의 입장에선 기술 및 경영 환경이 급변하고 있는 시기에 지속적인 기업 유지 및 성장을 위해 관련 벤처 기업 기술 네트워크를 구축하는 것이 중요한 과제일 수 있다. 구글 등 미국의 유명 벤처 기업들도 관련 기업 합병(M&A)*에 적극 나서서 시장 점유율을 높이고자 시도하는 것이 일반화 되고 있기 때문이다. 셋째, 벤처 기업의 벤처 캐피탈 투자가 확산되고 있다. 성공한 벤처가 신생 벤처에 투자하는 것은 일종의 경영 노하우 전수이며, 엔젤 투자의 한 형태로 볼 수 있다. 또한 유사한 기술을 개발하는 벤처 기업에 미리 투자하여 지분을 취득해두는 편이 향후 기술 확보를 위한 M&A를 용이하게 한다는 이점도 있다. 넷째, 벤처 기업들이 기술력을 바탕으로 해외 시장 공략을 본격적으로 모색하고 있다. 해외 시장 공략의 형태도 다양하여, 수출뿐만 아니라 해외 연구소, 지사 설립 등 다양한 공략이 이루어지고 있다. 앞으로 벤처 기업들은 이러한 침체기를 세계적 시장에서 도약하는 계기로 활용하여야 한다. 쓸데없는

---

*   merger and acquisition의 약자. 자본을 투자로 매수코자 하는 기업의 경영권을 사들이는 것을 말하며 흔히 '기업 합병'으로 번역한다.

머니 게임과 불필요한 투자를 자제하고 기술 개발에 투자를 집중함과 동시에 글로벌화가 가능한 비즈니스 모델을 적극적으로 모색해야 할 것이다.

5장. 시장 조사와 사업계획서

들어가는 말

시장 조사는 창업을 하려는 사업가가 자신이 선택한 사업 아이템에 대하여 반드시 실시하여야 하는 것이다. 아무리 창조적인 제품이라 할지라도 시장에서 선택받지 못한다면 그러한 제품을 아무리 생산하여도 결국 사업에 실패할 수밖에 없기 때문이다. 시장 조사는 시장에 대해 가장 잘 알고 있는 소비자의 소리를 듣는 것이며, 시장에 대한 각종 조사 자료를 회사의 마케팅 조직에 제공하여 그들로 하여금 더 나은 의사 결정을 내리도록 보좌하는 것이다. 과거에는 주로 폭넓은 제품 범주를 가지고 있는 대기업이나 대륙간 혹은 국가간의 무역을 통해 성공적인 자사 브랜드를 가진 대규모 다국적 기업들이 시장조사를 시행하였으나 이제는 중소기업 영역에서도 시장조사에 대한 수요가 필요하다 하겠다. 이런 소규모

업체들은 세분화된 소비자군, 제품 시장의 크기, 시장의 동향과 추세, 소비자 가격의 분포 등 여러 가지 문제 해결을 위해 시장 조사를 하게 되었다. 시장 분석은 다음과 같은 필요성에 의해 확대되고 있다.

첫째, 소비자 중심 시장의 출현을 들 수 있다. 대량 생산 방식이 출현함에 따라 시장 상황도 변화하여 공급이 수요를 앞지르게 되고, 구매자 중심의 시장이 나타나게 되어, 소비자들은 제품의 품질과 성능을 비교하여 구매하게 되었다. 이러한 시장의 변화가 제조업자들로 하여금 소비자들이 이 제품에서 원하는 것이 무엇인가를 알기 위해 시장 조사의 필요성을 증가시켰다.

둘째, 경쟁의 심화가 시장 조사 수요를 유발하였다. 기업은 경쟁사보다 나은 품질의 제품을 생산함은 물론, 좀 더 효과적인 마케팅과 판촉의 방법을 얻어야만 했다. 그러므로 판매 촉진을 위해 실시하는 자사 제품의 광고, 판매 전략 등의 효율성을 평가받기 위하여 시장 조사를 수시로 실시하게 되었다.

셋째, 위험을 줄이려는 욕구에서 시장 조사가 확산되었다. 신제품 출시에 소요되는 비용이 높아짐에 따라 전문적인 정보의 수집과 분석이 필요하게 되었다. 단순한 감(感)이나 짐작으로 의사 결정을 내리기엔 엄청난 위험을 초래하였으며, 기업이 위험을 줄이는 최상의 방법 가운데 하나는 제품과 마케팅 노력을 좀 더 정확하게 표적시장에 집중 투입하는 것이라는 것을 깨닫게 되었다. 제품의 목표가 되는 고객의 성향을 파악하게 되면 표적 시장에 더욱 적합한 전략을 수립할 수 있는 것이다.

넷째, 기술 및 소비자 태도 변화의 가속화를 들 수 있다. 기술의 변화는 엄청나게 빠른 속도로 진행되어, 새로운 영역이 개척되고 다양한 신제품이 출시되었다. 변화는 기술 분야뿐만 아니라 소비자의 태도에서도 일어났다. 소비자 중심주의, 환경 보호 등 각종 사회 운동과 아울러 건강과 안전에 대한 관심이 고조되면서 제조업체는 공해, 유해 물질 등 여론의 비난을 받을 가능성이 높은 각종 규제 사안에 대처해야 했다. 이처럼 급속한 속도로 일어나는 변화에 대응하기 위하여 기업은 시장 분석 기술의 도움을 받아 고객의 습관과 태도, 제품의 개발을 모니터링하게 되었다.

다섯째, 인터넷 발달에 따른 정보 기술의 급속한 진보로 인해 새로운 유형의 시장 조사가 필요하게 되었다. 컴퓨터, 인터넷, 스마트폰, SNS* 의 발전은 현대 사회에서 소비자가 대단한 여론을 생성하는 주체를 제공하였다. 소비자들의 의견이 이러한 스마트폰 매체를 통해 실시간으로 수많은 사람들에게 전파되고 재차 피드백되는 시대에 살게 된 것이다.

창업시 사업 계획서를 작성하는 것은 계획한 사업을 실제로 시작하기 전에 전반적인 사항을 조명해 보기 위한 매우 중요한 과정이다. 즉, 계획 사업의 내용, 계획하고 있는 제품 시장의 구조적 특성, 소비자의 특성, 시장 확보의 가능성과 마케팅 전략, 계획 제품에 대한 기술적 특성, 생산 시설의 입지조건, 생산 계획 및 향후 수익 전망, 투자의 경제성, 계획 사업에 따른 소요 자금 규모 및 조달 계획, 차입금의 필요 여부 및 상환 계획, 추정 재무제표 및 자금 계획, 조직 및 인력 계획 등등 창업에 관련되는 모든 사항을 객관적이고 체계적으로 작성해 보는 중요한 절차가 바로 사업 계획서의 작성이다.

계획한 사업을 실제 창업으로 연결하려 할 때 사업 계획서는 창업자 자신을 위해서는 계획 사업의 타당성 검토를 통해 사업 성공의 가능성으

---

* social network services의 약자. 페이스북이나 트위터, 카카오톡 같은 모바일 기반의 인터넷 서비스를 예로 들 수 있다.

로 높여준다. 동시에 계획적인 창업을 계획적인 창업을 가능케 함으로써 창업에 소요되는 시간을 단축시켜 주며, 계획사업의 성패에 많은 영향을 미치게 된다. 또한 창업에 도움을 줄 동업자, 출자자, 금융 기관, 매입처, 매출처, 고객에 이르기까지 투자 및 구매의 관심 유도와 설득 자료로 활용할 수 있다.

시장 조사 방법

어떤 사업을 추진하든지 늘 필요한 것이 바로 정보이다. 단편적인 내용을 가진 자료들을 취합하여 가공하고 유용하게 만들어진 형태를 일반적으로 '정보'라고 한다. 이러한 정보는 객관적이어야 하고 시의적절한 것이어야 하며, 내용이 합리적이어야 한다. 유용한 정보를 어떻게 수집하고 분석할 것인가의 문제는 사업 계획을 수립하는데 있어서 매우 중요하다. 그러므로 시장의 정보를 제대로 파악하기 위하여 시장 조사를 어떻게 시행해야 하는가는 더욱 중요한 사항이다 할 것이다.

시장 조사는 일반적으로 조사 목적과 내용, 일정, 비용 등을 종합적으로 고려하여 가장 적합한 방법을 선택하여 실시하게 되는데, 설문지를 이용한 일반 면접 조사는 흔히 정량 조사라고 부르기도 한다. 조사결과를 정량적인 숫자로 나타낼 수 있기 때문이다. 반면에 그룹이나 개인을 대상으로 하는 심층 면접 조사는 정성 조사라고 하는데 조사결과가 숫자보다는 동기나 태도 등 심리적인 상태를 기술하기 때문이다. 일반 면접 조사는 사람을 만나서 면접을 하는 대인 면접과 전화를 통해 면접하는 전화 면접, 그리고 직접 사람을 만나지는 않지만 우편이나 이메일로 설문지를 보내 응답을 받는 우편 조사로 크게 나눌 수 있다.

1) 정량 조사

정량 조사 가운데 가장 일반적인 방법은 대인 면접을 통한 조사이다. 이는 사전에 교육된 면접원들에 의해 가정이나 직장, 길거리, 쇼핑몰 등과 같은 장소에서 수행된다. 대인 면접은 면접원과 면접 대상 간의 대화와 상호 작용을 통해 조사가 이루어지기 때문에 긴 설명을 필요로 하는 복잡한 문제에 적합한 조사방법이다. 또한 필요하다면 면접에서는 면접원이 순위 척도, 광고, 그림, 포장 등 여러 가지 자료를 사용하여 면접 조사를 실시할 수 있다. 응답자의 환경이나 배경 등을 미리 선정하고 재산의 정도, 학력의 정도, 거주 지역의 형태 및 분포, 연령이나 성별 구분 등의 사전 분석을 통해 시장의 조사를 실시할 수 있다는 장점이 있다. 대인 면접의 단점은 소요되는 비용이 크고 소요 기간이 길다는 것인데 대인면접은 그 속성상 소비자들의 개인적인 주제에 대한 조사는 적절하지 않다는 것도 염두에 두어야 한다.

호별 방문 조사는 표본 추출과 면접을 정확히 했을 경우 조사 결과를 모집단으로 일반화 시킬 수 있기 때문에 모집단에 대한 표본의 대표성이 요구되는 대부분의 여론 조사, 마케팅 조사에 유용하다. 가정 내에서 면접이 이루어지기 때문에 응답자가 심리적으로 안정되어 있어 복잡하거나 심층적인 설문지도 소화할 수 있으며 전화나 우편조사에 비해 응답률이 높다. 그러나 면접원이 가가호호 방문해야 하기 때문에 조사비용과 기간이 많이 소요된다. 면접원에게 지역을 배정해 줄 때에는 가능하면 집에서 가깝고 잘 아는 지역에 갈 수 있도록 배려해 준다. 그러나 모든 면접원을 만족시킬 수 있는 지역배정은 현실적으로 어려우므로, 처음부터 면접원의 거주지를 고려해 모집하든지, 추첨을 통해 배정하는 것도 불만을 줄일 수 있는 방법이다. 배정된 지역에 거주자가 별로 없어 면접을 하기 힘든 경우에는 인접 지역으로 배정도 가능하게 하는 등 융통성 있게 대처해 줄 필요가 있다. 지역 내에서 응답자를 선정하는 원칙에 대한 교육도 철저히 시켜야 한다.

일반적으로 호별 방문 조사와는 달리 가정 유치 조사는 제품을 가정에 나눠주고 직접 사용하게 한 후에 일정한 시간을 두고 면접을 하는 것이다. 자기 회사의 제품과 경쟁 제품의 비교 또는 신제품 개발시 약간씩 차이가 나는 제품 몇 개를 비교시킬 때 유용하다. 제품에 대한 만족도, 개선점 등을 자세히 알 수 있는 반면, 호별 방문 조사가 대부분 한번 방문하는데 비해 가정 유치 조사는 두세번 방문해야 하기 때문에 면접 비용이 많이 들고, 제품 사용 기간도 필요해 실사 기간이 오래 걸린다. 표본 추출 원칙이 잘 지켜지지 않을 경우 모집단에 대한 표본의 대표성이 유

지되지 않으며 응답자가 제품 사용 원칙을 제대로 지키지 않을 경우 결과를 신뢰할 수 없는 단점이 있다.

가정 유치 조사에서 가장 중요한 것은 응답자가 제품을 원칙대로 사용하는 것이다. 제품을 사용하게 한 후 2차 면접을 가면 제품을 사용하지 않았다거나 사용 순서를 제대로 준수하지 않은 경우가 가끔 생기므로 1차 면접시 꼭 필요한 표본 수보다 약간 많은 응답자를 선정해 놓는 것이 좋다. 가정 유치 조사에서는 다른 조사보다 면접원이 부적격자를 응답자로 선정하는 고의적인 오류를 많이 저지르는데, 특히 사용횟수나 연령 등을 속이는 경우가 있다. 이런 오류는 응답자와 면접원 간에 담합으로 이루어지는 경우도 많다. 부적격자와 면접한 설문지는 반드시 폐기시키며 책임을 묻는다는 것을 면접원 교육시 꼭 주지시켜야 한다.

중심지 차단 조사는 표본의 대표성이 최우선적으로 중요시되는 조사도 아닌데다가 시일이 촉박해서 호별 방문 조사를 할 수 없을 때, 맥주 브랜드별 인지도 및 음용 경험률 조사처럼 질문 내용이 비교적 간단하지만 전화로 면접하기는 어려울 때 유용하다. 쇼핑 센터처럼 사람들이 많이 지나다니는 곳에서 면접을 하게 되므로 응답자 선정이 쉬워 면접 비용과 실사 기간이 비교적 적게 든다. 반면에 표본 추출이 체계적이고 과학적으로 이루어질 확률이 적어 표본의 대표성을 자신할 수 없으며 면접 환경이 응답자를 집중시키기 어렵, 시간적 여유도 없기 때문에 복잡하거나 심층적인 질문은 할 수 없는 단점이 있다. 중심지 차단 조사에서 면접원들이 가장 유의해야 할 것은 응답자 선정을 무작위로 해야 한다는 것이다. 정해진 머릿수 간격에 의해 선정된 응답대상자가 응답을 거절할 경우 성별 또는 연령이 유사한 대상자를 찾아 면접해야 하는데, 이 원칙을 제대로 지키자면 할당된 조사량을 완성하기가 힘드니까 응답자를 임의로 선정하는 경우가 가끔 있다. 응답자선정의 원칙을 지키게 하기 위해서는 1일 할당 부스를 줄이고 설문지를 짧게 하여 누구나 부담 없이 응답할 수 있도록 해주어야 한다.

제품 테스트 조사는 가정에 유치시킬 필요는 없지만 개발 중인 맥주의 맛 테스트처럼 소비자가 직접 제품을 접한 후에 내린 평가가 중요할 때 유용하다. 제품에 대한 평가를 정확히 알 수 있다는 점에서 가정 유치 조사와 비슷하지만 단시간 내에 많은 사람과 면접할 수 없다는 점이 다르다. 또한, 표본 추출이 과학적이고 체계적으로 이루어지지 않기 때문에 표본의 대표성이 유지되기 힘들다. 대개 제과점 같이 주변이 어수선한 곳에서 면접을 하게 되고, 맛이나 느낌처럼 개인적 차이가 심한 상대적 기준에 따라 평가받게 되므로 면접 원칙을 잘 지키지 않으면 엉뚱한 조사 결과가 나올 수 있다. 또한 제품을 제시하는 순서에 따라 제품에 대한 평가가 달라질 수 있으므로 순서를 잘 지켜 제시해야 한다. 또한 팀장의 능력이 제품 테스트 조사의 성공에 많은 영향을 줄 수 있으므로 팀장을 잘 선정해야 한다.

전화 면접 조사는 지방이나 해외 거주자, 전문가 등과 같이 면접원이 조사 대상자를 직접 접촉하기 어려울 때 유용하다. 면접 비용이 필요 없기 때문에 조사 비용이 적게 들며, 복잡한 질문이나 면접원에게 사실적으로 말하기 곤란한 질문도 할 수 있다. 응답자가 소수인 경우나 농부와 같이 지역적으로 널리 분포되어 있는 경우 또는 하루 종일 밖에서 일하는 경우에도 적절한 방법이다.

우편 조사법은 면접원 없이 실시되기 때문에 면접원의 편견에 의한 오류는 발생하지 않는다. 그러나 우편 조사는 대인 면접과 같은 상호작용이 없으므로 아무런 부연 설명이 필요하지 않도록 아주 명료하게 이해되는 질문으로 이루어져야 한다. 또한 조사자는 누가 설문지에 응답했는지 확실하게 알 수 없다는 것이 문제가 될 수 있는데, 예를 들면 면도기에 대한 설문지를 남자에게 보낸 경우 남편이 응답해야 하는 것이 옳겠지만 아내가 대신 응답하는 경우가 적지 않다.

그러나 우편 조사법의 최대 난점은 높은 무응답률이다. 무응답 이유는 응답자의 무관심과 응답자가 흥미를 느끼도록 하는데 실패한 때문이라고 보아야 한다. 따라서 조사자는 응답자의 흥미를 유발할 수 있는 독창적인 방법을 강구하는 것이 바람직하다. 무관심의 문제는 첫번째 우편에 응답하지 않은 사람에게 설문지를 다시 보냄으로써 상당히 개선할 수 있다. 무관심과 무응답을 극복하기 위해 설문지 길이를 짧게 하고, 설문지를 보기 좋게 만들며 회신을 유발하기 위해서 볼펜이나 열쇠고리 같은 작은 선물을 동봉하는 것도 고려해 볼 수 있다. 경품행사를 실시하는 것도 한 방법이다.

전화 면접을 통한 시장 조사 방법도 많이 사용된다. 전화 면접은 표본의 대표성은 중요하지만 시간과 비용이 충분치 못하고, 질문도 간단하며 구체적인 것에 국한될 때 유용한데, 정당별 지지도 조사 등 정치 관련 조사에 아주 적합하여 많이 활용되고 있다. 전화 면접법은 상대적으로 비용이 적게 들고 매우 빠르며 다양한 응답자들을 쉽게 접촉할 수 있다. 절차가 간편한데다 표본이 전화 번호부 등으로 이미 준비되어 있는 상태이기 때문이다. 면접원의 편견도 대인 면접 때보다 감소되는 경향이 있고, 감독자가 면접 상황을 다른 전화기를 통해 들을 수 있기 때문에 면접원에 대한 훨씬 직접적인 통제와 감독이 가능하다.

가장 최근에 개발된 '컴퓨터를 활용한 전화 조사법'은 전화를 사용하는 면접원이 모니터에 나타난 질문을 보면서 면접하는 시스템이다. 면접원은 질문할 문항을 컴퓨터 키보드를 눌러서 선택하고, 응답 또한 키보드를 눌러서 컴퓨터에 입력한다. 이 방법을 사용하면 조사가 진행되는 도중 언제라도 그때까지 누적된 결과물을 얻을 수 있다. 또한 컴퓨터를 사용하면 아무 전화 번호나 무작위로 전화를 걸 수가 있다. 즉, 응답자를 찾기 위하여 무작위 숫자를 사용하여 임의의 전화 번호를 만들어냄으로써, 전화 번호부에 번호가 잘못 기재되어 있거나 빠져서 발생하는 실수를 피할 수 있다. 그러나 전화 면접법에는 몇 가지 문제점이 있다. 상대적으로 짧은 설문만이 가능하고, 질문이 단순하고 분명해야 한다. 시각 자료를 필요로 하는 질문은 불가능하다. 조사 주제가 응답자에게 긴요한 것이 아니라고 생각했을 때 나타나는 무응답도 문제점으로 나타나고 있다. 또한 얼굴을 맞대고 면접하는 것이 아니어서 응답을 거절하거나 중간에 끊어버릴 때 조사를 진행할 수가 없으며, 복잡하고 심층적인 질문은 하기 어렵고, 응답 내용의 진위도 판별하기 어렵다. 조사 중에서 응답 내용에 대한 신뢰도가 가장 낮은 것이 전화 면접 조사라고 할 수 있는데, 응답자는 빨리 끊어 버리려고 하고 면접원은 응답자가 끊어 버릴까봐 전전긍긍하면서 질문하게 되며, 얼굴을 대하지 않은 상태에서 말로만 의사를 전달하기 때문에 정확한 질문과 솔직한 응답이 나오기 어렵다. 시간대에 따라 특정 부류에 사람, 즉 낮이면 주부 등만 과다하게 선정되는 등 편향적인 표집(=표본 모집)이 될 수 있으므로 주의해야 한다.

편향적인 표집을 막기 위해 생일 할당법을 사용하기도 한다. 예를 들면 가구 내에 거주하고 있는 20세 이상 남녀 중 가장 최근에 생일이었던 사람과 면접하는 방법 등이다. 그러나 선정된 응답자가 집에 없을 때에는 다시 전화를 걸어야 하며, 늦은 밤과 이른 아침 등 시간 맞춰 전화하기도 어려울뿐더러 응답을 해준다는 보장도 없기 때문에 면접 성공률이 낮은 것이 단점이다. 현재 가장 빠르고 쉽게 응답자를 선정하는 방법은 지역, 국번, 성, 연령별 등으로 할당을 주되 남녀를 번갈아 가면서 면접하는 방법이다. 전화번호부는 항상 가장 최근 것을 입수해 사용해야 성공률이 높아진다. 전화번호부에서 표본을 추출할 경우 전화를 소유하지 않은 사람과 전화번호를 등록하지 않은 사람이 제외된다는 우려도 있을 수 있으나 일반적으로 큰 문제는 되지 않는다.

2) 정성 조사

정성적인 조사는 주로 심층 면접, 집단 토의, 그리고 투사법을 사용하여 이루어지며 이들은 근대 초기 주요 심리학 이론인 행동 과학에서 비롯되었다. 정성 조사에 대하여 명심해야 할 것은 정성 조사로 정량 조사를 완전히 대체할 수 없다는 것이다. 왜냐하면 정성 조사는 비교적 적은 숫자의 사람들을 대상으로 하기 때문에 시장 전체를 대표할 수는 없기 때문이다. 집단에서 토의된 것을 주관적인 해석으로 도출한 조사 결과는 결론적이거나 확정적인 것이라기보다는, 암시적이며 지침을 마련해주는 정도라고만 생각하는 것이 좋다. 정성 조사 결과는 통찰력과 단서를 제공해 주는 데에 유용하다. 물론 정성 조사는 정량 조사와 함께 종합적으로 이루어질 때에 더욱 효과적이다. 정성 조사가 전체 조사 과정에 첫 번째 단계로서 수행될 때, 후에 수행될 정량 조사 내용과 범위를 풍부하게 늘려줄 수 있다. 따라서 시장 조사 분야에서는 정량적인 방법과 정성적인 방법을 함께 사용하는 것이 좋다.

정성 조사는 무엇보다 직접적인 질문 방법으로는 쉽게 응답하기 힘든, 소비자 행동의 밑바닥에 깔려 있는 원인과 이유를 알고자 할 때 적합하다. 예를 들어 소비자들이 잘 모르거나, 명확하게 표현해내지 못하거나, 쉽사리 인정하기를 꺼려하는 동기들을 찾아내고자 할 때 사용한다. 다음으로 시장이나 제품군, 개념에 대해, 혹은 정량 조사를 진행하기에 앞서서 초기 탐색을 할 때 사용할 수 있다. 이러한 초기 탐색은 정량 조사의 설계와 내용에 도움을 줄 수 있는 단서와 생각을 제공해 주므로 이를테면 어떤 분야에 대해 질문할 것인가 등을 결정할 수 있다.

기본적인 정성 조사 기법에 대하여 알아보자. 심층 면접은 정신과 의사가 환자에 대해 행하는 인터뷰 방법을 시장 조사에 도입한 것이라 말할 수 있다. 면접원은 직접적으로 캐묻지 않아야 하며, 중립적인 태도를 유지하고, 응답자가 잘 이야기할 수 있도록 격려하고 응답자에게 공감을 표시해야 한다. 면접원은 설문지가 아니라, 대화 지침서에 따라 응답자에게 질문하며 응답자의 반응은 녹취되고, 조사 결과는 보고서의 형태로 요약된다. 심층 면접은 특히 개인적이고 사적인 주제에 매우 적합하다. 예컨대 피임약이나 성병 등에 관한 내용들은 집단 토의 같은 상황에서는 토의하기 어려운 것이므로 심층 면접이 유일한 방안일 수 있다.

집단 토의 또한 정성 조사의 한 방법이다. 7~8명 정도의 참석자들이 모여 사회자의 안내에 따라 정해진 주제에 대해 이야기하는 조사 방법인데, 사회자는 참석자들의 이야기를 통해 정보나 아이디어를 수집하고 해결하고자 하는 문제에 대한 답을 얻게 된다. 사회자는 사전에 조사 목적에 맞는 질문의 요지와 순서를 적은 인터뷰 가이드를 작성해 인터뷰를 진행한다. 인터뷰 가이드는 설문지처럼 정형화된 것이 아니라, 어떤 내용을 어떤 순서로 질문할 것인지를 대강 적은 것이기 때문에 그룹 인터뷰를 진행하면서 참석자의 반응에 따라 수시로 보완하거나 수정하기도 한다.

집단 토의시 지켜야 할 원칙들은 심층 면접의 원칙과 유사하지만 몇 가지 차이점이 있다.

첫째, 집단 토의에서는 일단 분위기가 잡히면 말을 억제하는 것이 불가능해지기 쉽다. 참석자들은 점점 말을 많이 하기 시작하며, 자신들이 무슨 말을 하는지 덜 신경을 쓰게 된다. 참석자들은 무의식적으로 태도나 동기를 드러내게 되는데, 이는 공적이고 편안하지 않은 분위기라면 불가능한 것이다.

둘째, 참석자 중 누군가가 어떤 이야기를 하면, 나머지 다른 사람들이 상호 작용을 일으키기 때문에 집단 토의는 특히 실험적이고 탐색적인 작업에 적합하다. 개별 면접에서보다 더 넓은 범위의 아이디어나 의견을 참가자들에게서 얻을 수 있으며 참가자들이 테이블 주위에 앉은 상태에서 진행되기 때문에 자료들을 쉽게 만지거나 볼 수 있으므로, 제품이나 포장, 광고, 혹은 다른 시각적인 조사 자료들에 대한 반응을 얻는데 매우 유용하다. 집단 토의는 주제가 술, 담배, 휴가, 스포츠용품 등과 같이 여러 사람들이 함께 애용하는 사회적인 성격의 제품이나 서비스일 때 심층 조사보다 더욱 잘 이용된다.

투사 기법은 막연하고 완전하지 못한 문장이나 그림을 응답자가 완성하게 만드는 조사 방법이다. 응답자는 어떤 제품에 대하여 다른 사람이 어떻게 생각하거나 느낄 것인지를 이야기 해달라는 주문을 받으면 부지불식간에 본인의 생각이나 느낌, 태도 등을 투영하여 말하게 되는 것이다. 투사 기법은 시장조사에서 소비자가 갖고 있는 방어벽이나 장애물을 피해 가는 데 있어서 매우 유용한 방법이다. 투사기법의 전형적인 예로는 단어 연상법, 문장 완성법, 만화 그림 그리기, 쇼핑 목록 작성법 등이 있다.

사업 계획서 작성

사업을 시작하는 창업자는 반드시 계획하는 사업에 대하여 여러 가지 사항을 준비하고 기획하여야 한다. 사업 계획서는 사업 시작을 자기 자신에게 알려 점검하게 되는 문서가 될 수 있을 뿐만 아니라 본인의 사업을 제3자에게 소개하고 필요한 도움이나 자문을 얻을 수 있게 하는 기본적 문서이기 때문이다. 따라서 본 장에서는 이러한 사업 계획서를 작성할 때 필요한 내용이나 중요 항목 등을 살펴봄으로써 사업 계획서 작성에 대한 여러 가지 관련 정보를 제공하고자 한다.

1) 사업 계획서의 중요성

창업시 사업 계획서를 작성하는 것은 계획 사업을 실제로 시작하기 전에 계획 사업의 전반적인 사항을 조명해 보는 중요한 과정이라 할 수 있다. 즉, 계획 사업의 내용, 계획 제품 시장의 구조적 특징, 소비자의 특성, 시장 확보의 가능성과 마케팅 전략, 제품에 대한 기술적 특성, 생산시설 입지 조건, 생산 계획 및 향후 수익 전망, 투자의 경제성, 계획 사업에 대한 소요 자금 규모 및 조달 계획, 차입금의 상환 계획, 조직 및 인력계획 등 창업에 관련되는 모든 사항을 객관적이고 체계적으로 작성해 보는 중요한 절차라 할 수 있다.

또한 사업 계획서는 사업 성공의 지침서라 할 수 있다. 계획한 사업을 실제 창업으로 연결할 때 창업자는 계획 사업의 타당성 검토를 통해 사업 성공의 가능성을 높여야 한다. 아울러 치밀하게 계획을 세워 창업에 나서게 함으로써 불필요한 시행착오를 줄이고 창업에 소요되는 시간을 단축시켜 주며, 계획 사업의 성패에 많은 영향을 미친다. 또한 창업에 도움을 줄 동업자, 출자자, 금융 기관, 매입처, 매출처, 더 나아가 일반 고객에 이르기까지 투자 및 구매의 관심 유도와 설득에 활용할 수 있는 자료로 가치가 매우 높다. 사업 계획서는 창업 지원을 받을 때 필요한 기본 신청 서류이기도 하다. 특히 정부의 각종 벤처 기업 지원 활동의 혜택을 받기 위해서는 사업 계획서의 제출이 의무화 되어 있는 경우가 많다. 산업 단지나 농공 단지 등 정부에서 조성한 공단 내에 공장 설립 허가를 신청하거나 공업 단지 내에 입주신청을 하기 위해서, 그리고 정부의 창업 지원 자금을 신청하기 위해서도 사업계획서의 작성은 필수적인 기본 신청 서류이다.

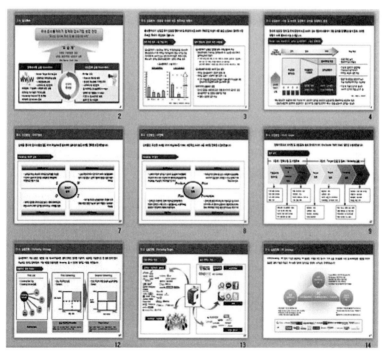

그림 1. 사업 계획서의 예시

2) 사업 계획서의 작성 내용

사업 계획서는 창업하고자 하는 기업의 기초가 되는 바탕이요, 성공을 이끌어 가는 견인차이다. 따라서 충분한 자본과 고정 거래처를 확보하고 있지 못한 창업자는 사업 계획서를 얼마나 잘 작성하고 사업 계획서를 잘 활용하느냐에 그 성패가 달려 있다 해도 결코 과언이 아니다. 즉, 일반적으로 사업 계획서는 계획 사업이 어떤 방향으로 나아가고 있고 어떻게 목표에 도달할 수 있는지에 대해 설득력 있게 설명하는 문서라 말할 수 있다. 하지만, 기본적으로 사업 계획서를 작성하는 것은 대략 두가지 이유에서이다. 첫째, 사업 계획서를 작성해 봄으로써 창업자가 자신이 하고자 하는 사업을 완벽하게 이해하고 있으며, 그에 따른 실천계획을 짜 본다는 데 그 의의가 있다는 점이다. 둘째, 현실적으로 사업 계획서는 투자자들에게 자금 조달을 목적으로 그들을 설득시키기 위해 작성하는 경우이다. 특히, 벤처 캐피탈을 찾는 창업자는 사업 계획서의 작성에 더욱 많은 신경을 써야 한다. 벤처 캐피탈은 투자하기 전에 먼저 창업자가 어떤 사업을 어떻게 영위해 나갈 것인지를 구체적으로 제시해 주기를 요구한다. 그러나 사업 아이템만을 단순히 갖고 있는 창업자나 아직 정상 영업 궤도에 진입하지 못한 초기 벤처 기업은 구체적으로 보여줄 수 있는 실적물이 없기 때문에 특히 신경을 써야할 부분이 사업 계획서인 것이다.

사업 계획서를 쓰기 전에 먼저 고려해야 할 사항은 누구를 위해 그리고 어떤 목적으로 쓰는 것인가 하는 점이다. 사업 계획서는 벤처 캐피탈리스트, 은행가, 투자자, 종업원, 고객, 컨설턴트, 공무원 등이 읽고, 그 용도는 주로 투자 유치 및 금융, 입주 신청, 인·허가 신청, 고객 확보, 경영 진단 등을 하기 위함이다. 따라서 사업 계획서를 필요로 하는 사람과 목적에 따라 그 내용도 상당히 달라져야 한다. 또한 잠재적 투자자나 고객 등은 기술의 우수성보다는 시장 가능성이나 이익 잠재력에 대한 관심이 더 높다는 사실을 잊지 말아야 한다. 기술을 바탕으로 하는 기업의 창업자들은 주로 기술 분야의 전문가로 기술 위주의 사업계획서를 작성하는 경우가 많으나 사업 계획서는 기술성과 사업성이 균형 있게 담겨져야 한다. 다음으로는 시장 정보, 사업 운영 정보, 재무 정보 등을 충분히 조사한 후 사업 계획서의 실제 작성에 들어간다.

3) 사업 계획서 작성에 필요한 사항

사업 계획서는 객관성과 현실성을 바탕으로 작성되어야 한다. 따라서 공공 기관 또는 전문 기관의 증빙 자료를 근거로 정확히 명시하고 실사에 의한 시장 수요 조사와 회계 지식을 바탕으로 객관성 있게 작성하되 자신감을 바탕으로 설득력 있게 작성되어야 한다. 창업자는 자신이 계획한 창업 아이디어를 제3자에게 설득력 있게 납득시켜야 한다.

사업 계획서를 작성할 때에는 계획 사업의 핵심 내용을 정리하는 데 많은 시간을 투자하여야 한다. 사업 계획서가 평범해서는 투자자들의 호감을 사지 못한다. 계획 제품이 경쟁 제품보다 소비자에게 높은 호응이 있으리라는 기대를 갖도록 해야 한다. 상식적인 수준에서 객관적이고 쉬운 내용의 설명이 필요하다. 제품 및 제품의 특징에 대한 내용은 가급적 전문적인 용어의 사용을 피하고, 단순하고 상식적인 수준의 내용으로 설명하여야 한다. 관련 사업, 관련 업종의 내용부터 제시한 후 해당 제품을 설명하고, 제품 생산 공정을 쉬우면서도 구체적으로 설명할 필요가 있다. 또한 제품 및 기술성 분석의 근거 자료로서 공공기관의 기술 타당성 검토 보고서 또는 특허증 사본 등과 같은 공신력 있는 증빙 서류를 첨부

함으로써 신뢰성을 높여주는 것이 좋다.

사업 계획서에는 계획한대로 실천이 가능할 것으로 판단될만한 자금 조달 및 운용 계획을 담고 있어야 한다. 자금 조달과 자금 운용 계획은 체계적이고 실현 가능성이 있어야 한다. 창업자 스스로 조달 가능한 자기 자본은 구체적으로 현금과 예금이 얼마이며, 부동산 담보 등에 의한 조달 금액은 어느 정도 되는지를 명확하게 표시함으로써 제3자로부터 창업자의 자금 조달 능력을 신뢰하게 할 필요가 있다. 제3자로부터의 자금 조달 계획 또한 구체적으로 표시하여야 한다. 사업의 위험 요인도 철저히 분석해야 한다. 계획 사업에 잠재되어 있는 문제점과 향후 발생 가능한 위험 요소를 심층 분석하고, 예기치 못한 사정으로 인하여 창업이 지연되거나 불가능하게 되지 않도록 다각도에 걸친 점검을 하여야 한다. 따라서 사업 계획서를 하나만 작성하기보다는 다양한 상황을 예견하여 각각의 상황별로 여러개 작성하는 것이 좋은데, 이들 각각의 사업 계획서에서는 사업 차질시 발생할 수 있는 위험 요소와 이에 대한 해결 방안을 각기 제시하는 것이 좋다.

사업 계획서는 필요로 하는 곳이 다르기 때문에 각 필요에 따라 소정 양식이 있을 수 있다. 따라서 사업 계획서 작성 목적 및 제출 기관에 따라 특정한 양식이 요구되는지를 미리 알아보는 것이 좋다. 구체적으로 어느 단지에 공장을 설치하거나 입주하는지, 또는 어떤 정책자 금을 조달할 것인지에 따라 각각 요구하는 사업 계획서의 소정 양식이 다를 수 있기 때문이다.

사업 계획서를 작성하는 목적 및 기본 방향 설정에 대해서도 늘 생각하여야 한다. 사업 계획서 작성의 우선 순서는 사업 계획서의 작성 목적에 따라 기본 방향을 설정하는 일이다. 사업 계획서의 작성의 목적은 크게 나누자면 3가지, 즉 첫째, 사업 타당성 여부 검증을 포함해서 창업자 자신의 창업 계획을 구체화하는 수단, 둘째, 자금 조달의 목적, 셋째, 공장 설립 및 인·허가 등을 위해 작성하는 서류로 구분해 볼 수 있다. 이들 목적에 따라 사업 계획서의 기본 목표와 서술 방향이 정해져야 한다. 정해진 기본 목표와 방향에 따라 사업 계획서의 작성방법도 달라져야 한다는 뜻이다.

늦지 않게 사업 계획서를 작성하기 위해서는 치밀하게 작성 일정을 세우고 작성하는 것이 바람직하다. 대부분의 사업 계획서는 사업 계획 추진 일정상 일정 기한 안에 작성해야 할 필요성이 있다. 자금 조달을 위한 경우이든, 공장 입지를 위한 경우이든, 관련 기관에 제출하기 위해서는 정해진 기간 내에 작성하지 않으면 안 되기 때문이다. 그리고 다음으로 필요한 일은 사업 계획서 작성에 직접 필요한 자료와 첨부 서류 등을 준비하는 일이다. 만약 앞에서 제시한 세 가지 기본절차를 거치지 않고 자료 수집부터 하는 경우 불충분하거나 불필요한 자료 수집이 발생하게 되고, 그에 따른 시간 낭비를 야기할 수 있다.

사업 계획서 작성 형태의 구상도 중요한 점검 사항이다. 필요에 따라 적정한 양식을 점검하고 작성해야 할 사업 계획서의 양식을 구성하는 일이다. 이는 해당 기관에서 요구하는 소정의 양식이 있는 경우에는 그 양식에 의거하여 작성하면 되니 별 문제가 없지만, 특정한 양식이 없는 경우에는 작성해야 할 사업 계획서의 양식을 미리부터 구상해 놓을 필요가 있다. 제출 기관에 따라 사업 계획서 작성방법을 간단히 설명하고 있는 경우도 있지만, 그것만으로는 충분하지 못하다. 사업 계획서 작성자는 사업 계획서 작성 요령을 미리 숙지하되 신속하게 작성하여야 한다.

마지막으로 중요한 사항은 사업 계획서는 내용도 중요하지만 그 내용을 포괄하고 있는 표지 및 폰트, 도표와 레이아웃 등 편집도 대단히 중요하다는 것이다. 정성을 다하고, 모양을 새롭게 하여 제출 기관으로부터 좋은 인상을 받도록 마지막 부분까지 최선을 다하여야 한다.

4) 사업 계획서의 주요 항목별 검토

사업 계획서를 접하는 사람은 개요 부분을 먼저 접하게 된다. 이 부분은 사업 계획서의 가장 핵심적인 부분으로 한두 페이지 정도의 분량이 적당하며, 사업 계획서의 전체가 완성된 후 작성하는 것이 원칙이다. 여기에는 사업의 목표와 전망, 전반적인 사업 전략 등을 간략하게 서술하여야 한다. 개요 부분은 사업 계획서를 처음 접하는 사람들에게 일종의 호기심을 유발하여 나머지 부분까지도 읽도록 유도할 수 있어야 한다. 개요 부분만 읽어도 사업에 대한 전반적인 사항을 파악할 수 있어야 하며 사업의 강점이 부각되어야 한다. 읽는 사람이 누구인지를 감안하여 그 사람이 관심을 가질만한 내용을 집중적으로 부각시켜 사업이 어느 분야에서 어떤 장점을 가지고 있는지를 명료하게 제시하여야 한다. 어떠한 회사인지를 알 수 있도록 한두 줄 정도로 간략히 회사에 대해 언급해 주는 것도 좋다. 기타 내용으로는 회사의 연혁, 향후 계획과 목표, 기업의 비전, 경쟁 회사와의 차별화 전략 등을 제시해 주는 것이 좋다.

사업 계획서의 인력 계획 부분은 회사의 경영 구조에 대해 기술하는 곳이다. 실제로 투자를 하거나 제품을 공급하는 당사자는 경영진에 대해 따로 정밀 조사를 하는 경우가 대부분이다. 벤처 투자가들 중에 상당수가 창업 아이디어에 투자하지 않고 창업하는 사람에 투자한다고 한다. 그러므로 이 부분은 솔직하게 작성하되 강점을 부각시켜야 할 것이다. 작성 내용은 첫째로 학력인데, 어떠한 학력을 부각시킬지를 고려해야 한다. 두 번째는 경력으로 경영진 중 현재의 사업과 관련한 과거의 경력이 있는 이가 있으면 그 내용을 구체적으로 기업명, 담당 업무, 기간 등을 상세히 기술하는 것이 좋다. 셋째는 과거의 업적인데, 이전에 근무하던 회사에서의 탁월한 영업 성적 등은 투자가들에게 호감을 줄 수 있다. 이 경우 반드시 객관적인 수치로 표현해 주는 것이 좋다. 기타 사항으로는 향후 인력 채용 계획이나 인력에 대한 인센티브 계획 등을 제시해 주어야 한다.

상품 계획의 항목에 대해 알아보자. 이 부분은 취급할 상품을 설명하는 부분이다. 상품을 설명할 때는 상품의 특징, 원가, 유통 구조, 목표 시장, 경쟁 업체 등도 자세히 설명하여야 한다. 상품의 특징 부분은 경쟁 제품과의 비교를 통하여 자기 제품이 어떠한 장점이 있는지 구별되는 특징을 제시하면 된다. 또한 가격적 측면의 경우 일부 상품을 제외한 대부분의 상품은 가격이 저렴한 경우 소비자에게 호감을 준다는 점을 명심해야 한다.

사업 계획서에 다음 항목은 산업 분석이다. 이 부분은 계획 사업이 포함된 산업의 전반에 걸친 환경을 분석하는 것이다. 이에 앞서 먼저 전체 산업의 매출 규모, 주요 경쟁 업체와 경쟁 업체의 매출 규모 및 시장 점유율, 진입 장벽 등에 대한 전반적인 내용들을 철저히 조사하여야 한다.

이 부분에 있어서 포함되어야 할 사항은 첫째, 목표 시장에 대한 시장 조사 내용이다. 시장 조사는 충분한 시간을 투입하여 완성된 내용이어야 한다. 먼저 우리 기업의 고객층을 누구로 할 것인지를 파악해야 결정하고, 이에 대한 결정이 끝나면 선정된 고객에 대한 접근방법, 고객의 제품 수용 가능성, 구매 경로, 구매 결정 기준, 우리 회사 제품으로의 변경 가능 이유 등을 기술하여야 한다.

둘째, 시장 규모와 추이이다. 이는 과거 2~3년, 향후 3년 정도의 기간에 대한 관련 시장 전체의 규모와 예상 추이를 고객 그룹별이나 지역별로 나누어 기술해 주는 것이 좋다. 이와 더불어 시장 전체의 성장 요인이 있는 경우 이를 함께 기술해준다. 셋째는 경쟁 관계에 있는 경쟁기업들에 대한 자세한 분석이다. 국내·외 주요 경쟁 업체들의 현황을 제시하고 각 업체마다 장점과 단점을 분석하여 기술한다. 또한 주요 경쟁 업체 고객의 제품 구매 이유를 파악하고, 고객 불만이나 이탈가능성 여부, 이들을 우리 회사의 고객으로 만들 수 있는 가능성 및 그 에 대한 근거 등을 제시한다.

또한 사업 계획서에서 중요한 내용 중 하나는 마케팅 계획이다. 마케팅 계획은 전통적인 4P 전략 즉, 상품(product), 가격(price), 유통(place), 판촉(promotion)에 의해 설명한다. 먼저 상품은 판매하고자 하는 대상으로 이 부분에서는 계획 상품의 특징과 편익을 설명한다. 먼저, 실제 판매 상품에서 핵심 상품이 무엇인지를 명확히 구분해 주어야 하고, 판매할 제품이 제품 수명 주기의 어디에 해당하는지도 명시해 주는 것이 좋다. 추가적으로 브랜드 전략과 후속 제품 개발 전략, 생산 시설 확장 계획 등도 중요한 고려 요소이다. 가격 전략은 경쟁 회사의 제품과 비교하면서 계획 제품의 가격 결정 전략을 기술한다. 결정된 계획 제품의 가격으로 시장 진입에 성공할 수 있는지 및 시장 점유율을 유지하거나 확대가 가능한지도 설명한다. 나아가 매출 원가, 판매비와 관리비 등의 제비용을 회수하고도 이윤을 창출할 수 있는지 분석한다. 또한 판매 대금의 조기 회수나 대량 판매를 위해 가격 할인 정책 등을 사용할 예정이면 이를 구체적으로 제시해 준다.

유통 전략에서는 회사가 선택하는 유통 방법과 경로를 설명한다. 나아가 판매 가격에서 단위당 운송비가 차지하는 비중을 검토한다. 판촉 전략에서는 제품에 대한 잠재 고객들의 흥미를 유발시킬 수 있는 다양한 방법들을 제시한다. 광고 회사 활용, 인터넷 광고, 우편물 송부(DM)*, 창업 박람회 참여를 통한 홍보 등의 계획을 수립한다. 기간별로 촉진활동에 소요되는 비용 관련 예산을 편성하는 것이 좋다.

일반적으로 재무 계획은 사업 계획서의 후반부에서 다루어진다. 이는 사업 계획서상의 전략과 계획을 추진하여 그 결과 예상되는 재무적 결과를 요약한 것으로 손익 계산서, 대차 대조표, 현금 흐름표의 세 가지 재무제표가 주요 대상이 된다. 이 재무제표는 기업의 현재 경영 성적과 재무 상태는 물론 향후 이익 창출 능력을 파악할 수 있게 해준다. 재무 계획이 완성되면 이를 근거로 수익성 분석 등을 실시하여 투자 유치 등의 협상 자료로 사용된다.

사업 계획서에서 필요한 항목 중 하나는 문제점을 기술하고 이 문제 해결을 위한 대안을 서술하는 것이다. 이 부분에서는 작성된 사업 계획서의 내용 중 실제 창업 시에 발생 가능한 문제점이나 위험 등을 생각해 보고 이에 대한 해결 방안을 기술한다. 발생 가능한 문제점과 위험에는 자금 조달의 어려움, 계획 사업 업종의 경기 불황, 부품이나 원자재 확보의 어려움, 제품 개발의 차질, 경쟁 기업의 가격 덤핑 등을 생각할 수 있다.

사업 계획서에서 강조해야 할 점

사업 계획서 작성 시 가장 중점을 두어야 할 사항은 경영진의 회사운

---

* direct mailing. 고객에게 직접 광고나 홍보 우편물을 발송하는 것을 가리킨다.

영 능력과 시장 분석 능력 및 판매 가능성이라고 할 수 있다. 창업자는 투자자에게 어떠한 비전을 제시해줄 수 있는지 결정하고 그에 맞는 사업 계획서를 구조화시킬 줄 알아야 한다. 만약 창업을 하는 경영진이 경험이 없고 사업을 처음 하는 것이라면 시장에 새로 열리고 있는 기회가 과거와 어떻게 다르며, 창업자의 제품이 어떻게 사업을 성공적으로 이끌 수 있는지에 대해 초점을 맞추어야 한다. 투자자들은 창업 멤버의 이력을 중요하게 생각한다. 많은 투자자들은 최초 경영진이 어떻게 구성되었는지 자세하게 알고 싶어 하기 때문에 이런 자료 제시가 미약하다면 곤란할 것이다. 반면, 최초 경영진이 상당한 경력이 있는 멤버로 구성되어 있다면, 요약문 바로 다음에 경영진에 대해 기술함으로써 이 부분을 부각시킬 수도 있다.

사업 계획서를 작성할 때는 가능한 한 핵심적인 내용부터 적어 내려가야 한다. 기술적인 사항이 창업 성공에 심각하게 작용할 것이라고 예상한다면 그 내용을 부각시켜 놓아야 하고, 창업 팀 가운데 특별한 이유로 사업 성공의 관건이 되는 인물이 있다면 이 인물을 역시 강조하고 우선시하여 서술해야 한다. 재무적 사항이나 고객 관련 사항 가운데 중요한 것이 있으면 이 역시 마찬가지로 부각시킨다. 그리고 사업 계획서 내용은 될 수 있으면 측정 가능하고 객관화할 수 있는 자료로써 뒷받침을 하고 분명하고 명확한 용어를 사용하도록 한다.

6장. 특허 및 지적 재산권

들어가는 말

특허를 빼놓고는 사업의 경영을 생각하기 어려운 시대가 되었다. 사업에 관심이 있는 사람은 '매력 있는 원천 특허 확보'라는 환상의 꿈을 꾸기도 하지만 반면에 특허의 거대한 벽에 당면하기도 한다. 그러나 일반적으로 특허와 관련해서 알고 있는 지식과 경험은 대부분의 사람들에게 매우 부족한 실정이며 특허에 관한 잘못된 지식과 편견이 사회에 많은 편이라고 사료된다. 특허에 대해 일반인이 정확한 지식을 취득할 수 있는 좋은 자료가 시중에 많은 것이 아니기에 더욱 그렇다. 특허에 대한 자료는 대부분 법률 자료이기 때문에 일반인이 쉽게 접근하여 그 내용을 파악하기 쉽지 않다. 그러나 기술이 중요한 벤처 사업가는 특허에 대한 어렵고 복잡한 내용에 대한 깊은 고찰을 하여야 하며 특허에 관한 지식은 사업을 이끌어가는 대에 꼭 필요한 지식임을 명심하여야 한다. 본 장에서는 지적 재산권의 개념을 살펴보고 이를 등록하는 방법 등에 기초적인 내용을 언급하고자 한다.

지적 재산권의 개념

창조적 활동에 의하여 만들어진 제품이 신기술의 요소를 가지고 있거나, 기술의 진보를 이루었거나, 독창적인 디자인을 하였거나 하는 결과를 얻었을 때 이를 법적으로 보호받고자 하는 사업가는 반드시 이를 등록하여야 한다. 이를 지적 재산권이라 볼 수 있다. 지적 재산권은 지적 창작물에 대한 독점적이고 배타적인 권리를 인정하는 재산권을 말하는데, 지식 정보화 사회로 전이되면서 지식 집약적이면서 창작적인 산업이 발달하게 되자 부상하기 시작한 개념이라고 할 수 있다.

과거에는 지적 재산권은 공업 소유권 혹은 산업 재산권, 그리고 저작권으로 나누어 불러왔으나 최근에는 이들을 통합하여 지적 재산권이라는 넓은 개념으로 총칭하게 되었다. 지적 재산권에 대한 국가간 협조는 물론 세계적으로 지적 재산권 보호를 촉진하기 위하여 설립된 국제 기구인 '세계지적재산권기구'*에서는 지적 재산권을 문학, 예술적 및 과학적 작품, 연출, 예술가의 음반 및 방송, 인간 노력의 모든 분야에서의 발명, 과학적 발견, 산업 의장, 등록 상표, 서비스 상호 및 기타 명칭, 부정 경쟁에 대한 보호 등에 관한 권리와 공업, 과학, 문학, 또는 예술분야의 지적 활동에서 발생하는 기타 모든 권리로 구성되어 있는 개념으로 정의하고 있다. 세계무역기구(WTO)**의 무역 관련 지적 재산권 협정에서는 지적 재산권 개념을 명확하게 규정하고 있지 않지만 저작권, 저작 인접권, 상표, 지리적 표시, 디자인, 특허, 반도체 집적 회로 배치 설계, 영업 비밀을 포함하는 개념으로 이해되도록 정의하고 있다.

이들 지적 재산권 개념을 종합하여 보면 지적 재산권이라 함은 새로운 물질의 발견, 새로운 제법의 발명, 새로운 용도의 개발, 새로운 상품의 디자인, 상품의 새로운 기능의 개발 등과 같은 산업적 발명과 문학, 미술, 음악, 연극, 방송 등에서의 예술적, 상업적 시장 가치를 가지는 창작물에 대한 배타적 재산권으로서 유형화되어 있는 모든 무형의 지적 요소

---

* 'World Intellectual Property Organization', 약자로 WIPO이다. UN 전문 기관 중 하나로서 특허권과 저작권 등 지적 소유권의 국제적 보호와 협력을 위하여 1967년 설립된 국제 기구이다.

** World Trade Organization, 1995년 발족하여 과거의 GATT 체제를 대신하여 세계 자본주의 경제 질서를 규율해 가고 있는 국제 기구이다.

에 대한 재산권을 의미한다고 할 수 있다.

이러한 의미를 갖는 지적 재산권은 벤처 기업에게도 관심의 대상이 될 수밖에 없다. 벤처 기업은 새로운 기술이나 새로운 아이디어를 사업화하는 신생 기업이기 때문에 새로운 기술을 개발한다면 사업화하기 전에 지적 재산권으로서 보호받기 위한 장치를 마련하여야 한다. 이를 위해서는 개발한 기술의 정도에 따라 특허나 실용신안 등록을 통하여 다른 사람이 도용하지 못하도록 하고 새로운 기술을 개발한 벤처 기업만 독점적으로 사용하여 부를 축적해 나갈 수 있도록 할 필요성이 있다. 뿐만 아니라 자신이 개발한 기술을 통해서 생산된 제품에 대한 상품명인 상표, 그리고 벤처 기업가가 설립한 회사의 상호 등을 다른 기업이나 제품에서 사용하지 못하도록 방어할 수 있게 되고, 제품에 적합한 디자인 또한 고유 디자인으로 보호받도록 할 필요성도 존재한다. 이러한 일련의 지적 재산권 보호 활동이 바로 벤처 기업과 밀접한 연관성을 갖는다는 측면에서 볼 때 벤처 기업들이 주목할 필요가 있는 분야임은 당연하다.

이러한 지적 재산권은 산업 재산권, 저작권, 신(新)지적 재산권으로 크게 나누어진다. 벤처 기업과 관련이 있는 산업 재산권의 경우 산업상의 기여를 보호의 본질로 하는 대표적인 지적 재산권이며, 새로운 제조 기술과 신물질 자체의 발명, 그리고 새로운 용도개발에 주어지는 특허가 있다. 그리고 상품의 새롭고 독창적인 모양이나 형태, 색상 등 장식적이거나 미학적으로 보이는 외관의 전체적인 효과를 독점적 지배의 대상으로 하는 디자인권, 특허에 비해 작은 발명에 주어지는 실용신안권, 어떤 상품을 다른 상품과 구별하기 위하여 사용된 문자, 도형, 기호, 색채 등의 결합으로 표현된 상징에 대한 독점적 사용권인 상표권이 있다.

반면에 문화 영역에서 정신적 기여를 보호의 본질로 삼고 있는 저작권이 지적 재산권의 한 부문을 차지한다. 지적 창작물에 대한 복제권, 공연권, 방송권, 전시권, 배포권을 보호하는 저작 재산권과 실연자의 녹음, 녹화권, 실연 방송권, 음반의 경우 음반 제작자의 복제·배포권, 방송의 경우 방송 사업자의 복제 및 동시 중계권 등에 해당되는 저작 인접권, 그리고 저작자가 자기의 저작물에 대하여 가지는 인격적 이익의 보호를 목적으로 하는 저작 인격권이 있다.

마지막으로 산업 재산권적 성격과 저작권적인 성격이 혼재하여 있어서 구분이 애매한 새로운 분야의 지적 재산권을 학문적으로 신(新)지적 재산권으로 나누고 있다. 이러한 신지적 재산권은 컴퓨터 프로그램 등을 보호하는 산업 저작권과 DNA 조작 기술이나 생명 공학 기술 등의 산물인 첨단 산업 재산권, 영업 비밀이나 뉴미디어 등에 적용되는 정보 재산권 등으로 구분되기도 한다.

산업 재산권의 등록

특허를 비롯한 모든 산업 재산권은 법적으로 등록하여야만 독점적이고 배타적인 권리를 행사할 수 있다. 산업 재산권을 등록하기 위해서는 특허청에 출원을 하고 특허청 심사관의 심사를 받은 후 요건에 적합할 경우 등록을 받을 수 있게 된다. 그 후에 산업 재산권과 관련된 권리를 행사할 수 있게 된다.

1) 산업 재산권 등록 요건
산업 재산권별로 등록 요건은 다소 차이가 있다. 특허를 받기 위해서는 특허 요건에 충족되어야 하는데 대표적인 특허 요건은 신규성, 진보성, 산업상 이용 가능성이다. 신규성이라 함은 사회 일반에 알려지지 않는 새로운 발명이어야 한다는 의미이다. 특허법에 규정되어 있는 신규성 관련내용은 특허 출원 전에 국내에서 공지 또는 공연이 실시되지 않아야 하고 특허 출원 전에 국내 또는 국외 간행물에 기재되어 반포되지 않아야 한다. 그리고 다른 사람이 먼저 특허 출원을 하지 않아야 함은 당연하다. 이러한 신규성 확보를 위하여 특허 관련 내용을 사전에 조사할 필요가 있다.

다음으로는 진보성이 있어야 한다. 발명 기술이 해당 기술 분야에서 통상의 지식을 가진 사람이 종래의 기술로는 용이하게 발명할 수 없는 것이어야 함을 말한다. 말하자면 진보된 기술로 발명을 하여야 한다고 보면 틀림없다. 특허 출원한 것 중에서 불합격 판정을 가장 많이 받는 특허요건이 바로 진보성이다. 마지막으로 산업상 이용 가능성이 있어야 한다. 광업, 공업, 농업, 수산업 등 각종 산업에서 실제 활용할 수 있거나 장차 이용될 가능성이 있어야 한다는 요건이다. 단지 학술적, 실험적으로만 이용할 수 있거나 의료업 가운데 질병의 진단 방법이나 치료 방법의 발명 등은 산업상 이용가능성이 없어서 특허를 받을 수 없다.

특허 요건과는 다르게 특허를 받을 수 없는 것도 있다. 대표적인 것이 발견인데 종래부터 있었던 것을 발견한 경우 특허를 받을 수 없는 것이다. 그리고 미완성 발명도 특허를 받을 수 없다. 기술적으로 실시 가능한 정도까지 완성되었을   때만 가능하다. 뿐만 아니라 특허의 조건을 모두 갖추었다고 하더라도 국가의 산업정책이나 공익적인 측면에서 문제의 소지가 있을 경우에는 특허로 인정받을 수 없다. 말하자면 공공의 질서나 선량한 풍속을 문란하게 하고 공중의 위생을 해할 우려가 있을 때는 특허권을 부여하지 않는다.

특허 요건 중 진보성에 다소 결함이 있는 경우에는 '실용신안'으로 등록할 수 있다. 그래서 실용신안은 소(小)특허라고 불리기도 하는데 이 실용신안의 등록 요건은 특허 요건 중 단지 진보성이 부족한 경우만을 제외하고는 특허 요건과 크게 다르지 않다. 의장 등록은 특허 요건 중 진보성보다는 창작성을 중요시한다. 신규성이나 산업상 이용 가능성은 특허 요건과 마찬가지이다. 그리고 상표의 경우는 보통 명칭, 품질 원재료 표시 등 성질 표시나 간단하고 흔히 있는 표장, 다른 상품과 식별할 수 없는 상표가 아니어야 하는 등 여러가지 상표 등록 요건을 상표법에서 나열하고 있다. 상표의 기능이 다른 상품과의 구별을 위한 것이므로 독창적인 상표만이 등록이 가능하다고 보아야 한다.

2) 산업 재산권 등록 절차

산업 재산권 등록 절차는 크게 나누어 출원 신청, 심사, 등록 순으로 진행된다. 특허, 실용신안을 비롯한 산업재산권을 획득하고자 하는 자는 특허청의 일정 서식에 출원 신청을 하여 등록 절차를 시작한다. 그러나 출원 신청시 각종 설계 도면이나 디자인 문안 등을 제출하여야 한기 때문에 서류 작성이 어렵고 복잡할 뿐 아니라 권리를 주장할 수 있는 항목을 명확하게 설정하는 것이 중요한데, 이러한 고도의 능력을 일반인들은 확보하고 있지 못하므로 변리사를 통하여 대행하게 된다. 변리사가 특허 출원을 하면 특허청에서는 심사국에 이관하여 출원 서류를 심사관들이 심사한다. 심사 내용은 앞에서 설명한 산업 재산권 등록 요건에 적합한지 여부를 판단하는 과정이다. 하지만 심사 인력 부족으로 인하여 약 3년여의 시간이 소요되고 있다. 이때문에 특허청에서는 심사 기간을 단축하기 위한 노력을 하고 있기도 하다. 특허청 심사관들의 심사 결과 등록 요건을 갖추었다고 판단되면 특허 등록을 하게 하며, 등록료를 납부하고 나면 특허를 획득하게 되어 그때부터 본격적으로 특허권을 행사할 수 있게 된다.

3) 국제 출원

국제적으로 산업 재산권을 보호받고자 할 때는 여러 나라에 출원을 하여야 한다. 그러나 일일이 출원 서류를 여러 나라에 출원하고 심사를 받는다는 것은 보통 일이 아니며, 비용이나 시간적으로 엄청난 낭비가 아닐 수 없다. 따라서 국제 특허 출원 절차를 간소화하고 여러 나라에 동시에 출원한 것과 동일한 효과를 발휘할 수 있는 국제 조약들이 시행되고 있다. 대표적인 예가 특허 국제 출원이다. 특허협력조약(PCT)*에 가입한 나라의 경우 한 나라에서 특허를 출원하고 국제 출원을 하게 되면 각 지정국에도 출원한 것과 같은 효과를 나타낸다. 따라서 우리나라도 1984년에 PCT에 가입하였고, 1999년부터는 국제 조사 기관 및 예비 심사 기관으로 지정되어 한국 출원인들이 편리하게 국제 출원을 할 수 있게 되었다. 실용신안의 경우는 국제적으로 보호하고 있는 나라가 독일과 일본, 스웨덴 등 10여개 국가에 한정되어 있으므로 국제 출원에 대한 국제 조약이 마련되어 있지 않지만 상표나 의장의 경우에는 국제 출원을 용이하게 할 수 있는 국제 조약이 체결되어 있어서 이를 활용하면 손쉽게 국제 출원을 완료할 수 있다.

---

*   Patent Cooperation Treaty의 약자이며, '특허협력조약'이라 부른다. 1970년 발족한 국제적인 특허 법률 조약이다.

산업 재산권 분쟁의 해결

제품을 시장에 내 놓을 때 이 제품이 기존의 특허, 상표, 디자인 등의 권리를 침해하는가에 대한 조사는 반드시 필요한 사항이다. 생산자측이 고의적 의도가 없었더라도 이미 등록된 타인의 권리를 점검하지 않고 제품을 출시하는 것은 그 권리를 침해하는 중대한 범죄가 되기 때문이다. 산업 재산권은 재산권이기 때문에 산업 재산권자의 허락 없이 함부로 사용하는 것은 안된다. 그럼에도 불구하고 실제로는 산업 재산권은 발명하거나 연구 개발하는데 드는 비용은 많이 소용되는데 반해 모방하거나 활용하는데는 적은 비용으로도 가능한 경우가 많다. 이때문에 무임 승차하거나 도용하는 사례가 많아 산업 재산권 분쟁이 끊이지 않고 있다.

다른 사람의 산업 재산권을 사용하고자 할 때는 산업 재산권자에게 동의를 구하고 사용료, 즉 로열티를 지불한 뒤 사용하는 것이 가장 합리적이다. 하지만 교묘한 방법으로 산업 재산권자의 권리 범위를 피해가면서 침해하는 경우가 적지 않다. 이럴 경우 산업 재산권을 침해했는지 여부를 법정에서 다툴 수밖에 없는데 이러한 산업 재산권 관련 분쟁은 크게 나누어서 산업 재산권 심판과 산업 재산권 침해 소송, 그리고 산업 재산권 침해에 대한 손해 배상 청구 소송으로 대별된다.

1)산업 재산권 심판

산업 활동을 할 때 특허의 권리는 이제 한 개인이나 회사의 재산으로 평가되는 환경이 되었다. 산업 재산권 심판은 특허청에 출원한 산업 재산권 출원이 특허청 심사결과 등록이 거절되었거나 등록이 허용되었을 때 특허청을 상대로 거절된 것에 대한 불복 또는 동의하기 힘든 특허의 등록을 허용한 것 등등에 대한 이의 제기로 시시비비를 가리는 심판이다. 따라서 제1심은 처분청에 해당하는 특허청의 심판국에서 심판하게 되고, 제1심의 결과에 이의가 있는 경우에는 전문 고등 법원으로 설립된 특허 법원에서 제2심을 전담하고 있다. 산업 재산권 출원자가 본인이 원하는 산업 재산권을 획득하지 못한 것에 대한 불만을 표출하는 것이 등록 거절에 대한 불복인 반면 자신이 가지고 있는 산업 재산권을 특허청이 심사를 잘못하여 다른 사람에게 산업 재산권 등록을 허용한 것에 대한 이의 제기 사건을 다루는 것이므로 행정 소송 절차와 유사한 형태를 취하고 있다.

2) 산업 재산권 침해 소송

산업 재산권에 관계된 여러 분쟁들은 실제로 많이 일어난다. 제품을 시장에 내 놓을 때에는 이러한 특허에 관계된 복잡한 분쟁에 얽히지 않고 안정된 판매를 하기 위하여 반드시 특허의 침해 여부를 사전에 점검해 보아야 한다. 산업 재산권 침해 소송이란 등록된 산업 재산권을 산업 재산권자의 허락 없이 사용한 자에 대하여 산업 재산권을 침해하였는지 여부를 다루는 소송을 말한다. 우리나라에서 이러한 산업 재산권 침해소송은 일반 민사 사건과 동일하게 다루고 있다. 따라서 제1심은 지방 법원이나 지방 법원 합의부에서 심리하고 판결하며, 제1심에 불복할 때는 지방 법원 합의부나 고등 법원에서 제2심으로 다루고, 법률적인 사항에 대하여는 제3심으로 대법원에서 심리하여 판결한다. 그러나 산업 재산권 관련 사항 중 특별히 특허의 경우는 기술적인 내용이 재판의 결정적인 심리 사항이기 때문에 제1심은 지방 법원이나 지방 법원 합의부에서 재판한다 하더라도 제2심은 전문 고등 법원으로 설립된 특허 법원에서 전속 관할하여야 한다는 주장이 제기되고 있다. 산업 재산권 관련 분쟁이 격화되고 있는 상황인 것과 기술 부분의 침해 여부를 다투는 소송이므로 전문적인 수준의 기술 지식을 함양하고 있는 기술 심리관들의 도움을 받으면서 판결할 수 있는 특허 법원에서 전속 관할하는 것이 바람직하다고 판단된다.

산업 재산권 침해 소송 결과 산업 재산권자의 권리를 침해한 것으로 판결되면 산업 재산권자는 입은 손해를 보상받아야 마땅하다. 이를 위해서 소송을 또 다시 제기하게 되는데 이러한 소송을 산업 재산권 침해에 대한 손해 배상 청구 소송이라고 한다. 이 침해 구제 소송 또한 민사 소송과 마찬가지로 각급 법원에서 재판을 하고 있다. 또한 다른 나라의 기업이나 개인이 자신의 산업 재산권을 침해한 경우가 있을 수 있는데 이런 경우 재판 관할은 산업 재산권자의 재량에 의해서 소송을 제기할 나라의 법원을 선택할 수 있다. 그러나 일반적으로 산업 재산권 침해자의 재산이 있는 나라의 법원에 소송을 제기한다. 산업 재산권 침해 소송을 제기하는 목적이 침해를 구제받기 위한, 즉 손해 배상을 청구하는데 있기 때문이다.

3) 특허 공보에 의한 선행 기술 조사

위의 그림에서 예시한 특허 공보는 일반적으로 특허청에서 제공하는 공보의 한 예를 보여주고 있다. 이 특허 공보에 의해서 출원된 권리의 여러 가지 법적 소유권자와 특허권의 발효 일시 들을 알아볼 수 있다. 또한 특허에서 주장하는 권리에 대한 범위의 한계에 대하여도 명시하고 있다. 등록한 특허의 출원일, 등록일, 공개일 등이 명시되어 있고, 이에 대

그림 1. 대한민국 등록 특허 공보의 예시

한 발명자, 권리자, 대리인 등을 명시함으로써 등록된 지적 재산권에 대한 자세한 내용을 알 수 있다. 따라서 자신의 제품이 출원된 권리를 침해하는지에 대한 조사는 이러한 특허 공보들을 조사하고 검색하면서 살펴봄으로써 점검해야 하는 것이다. 특허 분쟁에 의한 시간적, 재산적 손해는 바쁘게 사업을 하는 사람에게는 치명적인 피해를 줄 뿐만 아니라, 막대한 사업적 지장을 초래하기 때문에 특허를 검색하여 선행 기술에 대한 권리 침해 여부를 반드시 조사하여 두는 것이 중요하다는 점을 다시 한번 강조한다.

7장. 벤처 기업의 운영

들어가는 말

앞서 4장에서 벤처 기업의 창업 및 사업가 정신을 살펴보았고, 사업을 하기 위한 사업계획서를 작성하는 요령과 시장 조사의 방법 등을 살펴보았다. 벤처 기업을 시작하기 위하여 꼭 필요한 특허의 기본적인 내용도 6장에서 언급하였다.

본 장에서는 벤처 기업을 경영할 때 발생할 수 있는 여러 가지 문제, 즉, 제품 개발 및 생산에 관한 문제, 기업의 인적 구성에 관한 문제, 필요 자금의 문제, 투자자를 구하기 위한 여러 가지 과정, 제품을 시장에 판매하기 위한 시장분석, 마케팅과 홍보를 위한 전략 등 벤처기업을 운영하면서 당면하게 되는 여러 가지 상황들을 실제 벤처기업을 운영했던 필자의 과거 경험을 바탕으로 풀어가기로 한다.

벤처 기업의 탄생은 결단이다

누구나 사업을 시작하기로 결심하게 되는 계기가 있다. 처음부터 사업을 시작하고자 마음을 먹고 사업을 시작하는 사람은 그리 많지 않을 것이다. 사업을 시작하고자 하는 사람은 그 동안에 자기가 공들여 개발하거나 열심히 고민한 제품을 상품화하여 이를 시장에 판매하여 사업으로 성장시키는 것에 대한 기대를 하고 사업을 시작하게 된다.

처음 사업 아이템에 대하여 사업가가 갖는 열정은 뜨겁고 확신에 차 있게 마련이다. 자신이 생각한 아이템에 대한 성공적 시나리오는 사업가로 하여금 미래에 대한 분홍빛의 꿈을 꾸게 한다. 사업을 실제적으로 시작하면서 앞으로 당면하게 될 어려움들은 대수롭지 않게 보일 것이며 어떠한 난제라도 충분히 해결할 수 있을 것이란 자신감으로 사업의 시작을 꿈꾸게 마련이다.

사업을 시작하는 새로운 아이템은 대부분의 경우 기존의 시장에 나와 있지 않은 신개념 내지는 신기술의 제품이기 때문에 자기 제품에 대한 신선함과 새로움을 스스로 과대평가하는 경우가 태반이다. 이러한 부분이 사업을 시작하는 창업가에게 섣부른 자신감을 더하게 된다. 새로운 제품은 기존의 시장에 없던 제품이기 때문에 정확한 시장 조사가 나와 있는 경우가 있기 어렵다. 비록 객관적인 시장 조사를 통해 제품에 대한 일반인의 선호도를 조사해 보기도 하지만 결국은 이런 모든 것이 사업가의 열정적 사업 의지에 가려지다 보면 자칫 보조적인 판단의 근거로만 미약하게 작용할 뿐이다.

벤처 기업의 탄생은 결국 한 사업가의 열정에 의해서 시작된다. 사업가의 열정이 없다면 그 어떠한 사업도 시작할 수 없다. 그리고 아무리 혁신적인 신제품이라 할지라도 사업의 성공에 대한 확신까지 제공하는 경우는 없다. 시장 조사나 상품 선호도 조사는 기존에 존재하는 상품에 대한 경우는 그 신뢰도가 있을 수 있으나, 새로운 제품이나 새로운 사업 아이템에 대해서는 그 조사의 신뢰도를 믿을 수 없는 것은 당연한 일이다. 이러한 이유들 때문에 새로운 사업을 시작하는 것은 많은 위험을 안고 있는 것인데, 그럼에도 불구하고 벤처 기업의 창업은 결국 사업을 시작하려는 사람의 결단을 통해서만 가능한 일인 것 역시 틀림없는 사실이다. 오늘도 수많은 사람들이 벤처 창업을 기획하고, 결단을 통해 사업을 시작한다. 이러한 벤처 기업가들의 열정적이지만 다소 주관적인(?) 결단에 의해 벤처 기업이 탄생하는 것이다.

벤처 기업은 생명체이다.

벤처 기업이 시작 되면 그 과정은 한 사람이 탄생하여 삶이 시작되는 것에 비유할 수 있는 한 생명의 탄생 과정으로 비유할 수 있다. 한 생명이 탄생하면 처음에는 그 생명력이 약할 수밖에 없다. 수년간에 걸쳐 부모의 사랑이 듬뿍 담긴 양육으로 새 생명의 육체적 정신적 성장이 이루어지고 다양한 교육 과정을 거치면서 사회 구성원의 일원으로서 역할을 담당하는 성인이 길러지는 것이다. 벤처 기업도 역시도 처음부터 시장에서 하나의 역할을 담당하는 좋은 제품을 생산하고 곧 바로 시장 경제에 기여하게 되는 것은 물론 아니다. 제품을 생산하기 위해서 여러 가지 성장의 과정을 거쳐야 하며 소비자가 선호하여 선택하는 제품을 만들어 내기 위해서 숱한 고통이 따르는 번민과 역경을 이겨내야 하는 것이다.

아무리 좋은 제품이 있더라도 이를 생산하기 까지는 매우 복잡한 과정이 수반된다. 기술 개발의 예로 든 음식물 처리기에 대해서 생각해 보자. 아무리 획기적인 아이디어로 훌륭한 제품을 개발했다 할지라도 이를 제품화하기 위해서는 다음과 같은 과정이 필요하다.

1) 제품 설계 : 개발된 제품을 생산하기 위해서는 제품 설계를 해야 한다. 모든 부품에 대한 재료를 명시하고 그 부품이 기능할 수 있는 열적 특성, 환경적 특성, 역학적 특성 등을 고려하여 재료와 구조가 설계되어야 한다. 이를 위해서는 역학적 분석을 통해 제품의 두께나 형태가 결정되어야 한다.

2) **목업**(mock-up) **제품의 생산** : 설계가 완성된 제품은 목업으로 그 제품을 시험 생산하는 과정이 반드시 필요하다. 실제 제품의 생산 에 들어가기 전에 설계된 제품의 성능을 목업으로 제작하여 시험함으로써 설계된 제품의 문제점을 점검할 수 있는 것이다. 예시에서 제시된 음식물 처리기의 경우에는 150개가 넘는 각 부품을 목업으로 제작해야 하기 때문에 목업 제품 생산 비용이 약 3천만 원에서 5천만 원 가량 소요된다. 대부분의 경우 아무리 설계를 잘했다고 생각되는 제품이라도 실제 목업 제품을 제작하여 성능 시험을 하게 되면 여러 가지 문제들이 발생하게 마련이며, 이런 시험 결과를 반영하여 다시 제품을 설계해야 한다. 개발 과정에는 이러한 목업 제품의 생산과 설계 변경의 과정이 여러 차례 계속되는 수많은 시행착오를 거쳐야 하며, 이러한 제품 개발 과정에 많은 비용과 시간이 소요될 수 있다는 점을 미리 고려하여 계획하여야 한다.

3) **실제 제품의 생산** : 목업 제품의 생산과 성능 시험을 통하여 문제점을 보완한 제품을 개발하였다고 하여도 이를 실제 시장에서 판매할 시장 제품으로 양산해 내는 것은 또 다른 문제이다. 목업 제품의 경우에는 부품을 3차원 설계 데이터에 의해 하나씩 가공하기 때문에 비교적 정확하게 제품을 생산 할 수 있다. 그러나 실제의 제품 생산에서는 사출 공정, 프레스 공정, 압축 공정 등의 제품 공정을 거쳐 수많은 개수를 생산하는 대량 생산의 방법을 사용하게 된다. 부품을 정밀하게 한 개를 가공하는 것과 시장 판매용 제품 생산을 위해 대량 생산하는 것은 전혀 다른 상황인 경우가 많으며, 여러 가지 새롭고 어려운 문제들이 발생하게 된다. 예컨대, 재료의 따른 수축, 열적 특성의 변화, 역학적 변형 및 생산에 따른 여러 가지 사소한 문제들이 줄지어 발생하게 될 때가 많다. 이러한 제반의 기술적 문제점들을 고려하여 시장 제품의 생산을 계획하여야 한다.

4) 생산 비용 : 제품을 생산하는데 드는 비용은 개발에 들어가는 비용과는 비교할 수 없는 많은 자금이 필요하다. 우선 각각의 부품을 대량 생산하기 위해서는 모든 부품의 생산용 금형이 필요하다. 플라스틱 부품의 사출 금형, 금속 부품의 소결 금형 또는 프레스 금형, 알루미늄 부품에 쓰이는 다이캐스팅 금형 등이 필요한데 이들 금형의 제작은 부품 하나의 제작과 비교할 때 비교할 수 없을 만큼 막대한 자금이 소요되는게 보통이다. 본 교재에서 사례로 제시된 음식물 처리기의 경우 약 150개의 금형이 제작되었고 그 제작비로 15억 원 이상의 비용이 발생하였다.

5) 운영 자금 : 제품을 생산하기 위해서는 생산에 따른 직접적인 생산 비용 이외에 적지 않은 운영 자금이 필요하다. 제품을 생산하였다고 해서 제품이 바로 판매되는 것은 아니다. 이를 소비자에게 판매하기 위해서는 생산, 보관, 운반, 매장 운영, 홍보, 광고 등의 여러 단계의 과정이 필요하고 이를 수행하기 위한 자금이 들어가게 된다. 이런 운영자금에 대한 자금 조달 계획과 철저한 준비가 되어야만 생산된 제품이 제대로 판매될 수 있는 것이다.

6) 인적 구성 및 고용 : 위와 같은 내용의 사업의 진행을 위해서는 반드시 여러 분야에 필요한 인력이 있어야 한다. 제품을 생산하는 것은 결코 혼자서는 할 수 없는 일이기 때문이다. 제품을 설계하는 사람, 성능을 실험하고 이를 기록하여 평가하는 사람, 실제 제품에 적용될 재료를 검토하고 이를 선정하는 사람, 제품의 각 재료를 조립하는 생산 인력, 원재료와 부재료 각 부품의 품질을 관리하는 사람, 영업을 하고 홍보를 하는 사람 등 각 분야에서 여러 사람들의 역할이 필요한 것이다. 물론 이러한 각 분야의 일을 외부 발주하여 용역의 형태로 수행해야 하는지, 아니면 생산회사의 직접 직원으로 각 각의 일을 수행해야 하는지도 창업자가 결

정해야 할 매우 중요한 문제이다.

이상에 열거한 바와 같은 다양한 문제 외에도 제품을 개발하면서 발생하는 여러 가지 기술적 내용에 대한 지적 재산권 차원의 검토 및 특허 출원에 관한 결정도 이루어져야 한다. 이렇듯 벤처 기업이 하나의 완성된 제품을 시장에 내놓을 때 까지 필요한 과정은 매우 복잡하며, 많은 시간과 자본이 소요되는 일인 것이다. 한 생명이 탄생하여 성인으로 성장하기까지 수많은 일들을 거쳐나가야 하듯이 한 회사가 제품을 생산하는 과정 역시도 생명의 탄생과 성장 과정에 버금가는 복잡하고 어려운 많은 일들이 얽혀 있는 것이다.

벤처 기업의 조직 구성

벤처 기업을 운영하기 위해서는 많은 분야의 전문가들이 필요하다. 회사의 전체적인 운영과 결정을 담당해야 하는 대표이사는 회사의 다양하고 복잡한 업무를 수행하기 위하여 조직을 구성하여야 한다. 회사의 조직에는 여러 분야의 전문가 들이 필요하다. 먼저 CEO, CMO, CTO, CFO 등에 대하여 알아보자.

1) CEO(chief executive officer)는 회사의 최고 경영자를 말한다. 즉, 회사가 하는 모든 결정의 마지막 결정권자이다. 최고 경영자는 회사에 일어나는 모든 문제에 대해 무한 책임을 지게 된다. 회사에서는 아주 사소한 계약을 제외하고는 외부와의 계약에 있어서 CEO의 결정이 필요하다. CEO의 결정은 제품의 납품 계약, 구매 계약, 결제에 관한 계약, 법적 책

임에 대한 의무, 회사 내부 인력의 인사권과 재무 운영에 관한 결정 등 회사의 모든 문제에 대한 최종적인 결정력을 지닌다. CEO는 각 분야의 전문가의 의견을 잘 경청하고 분석하여 이를 토대로 중대한 결정들을 수행하게 된다.

2) CMO(chief marketing officer)는 마케팅 분야의 전문 경영자를 말한다. 회사의 제품을 어떻게 판매할 것인가에 대한 문제를 결정하는 분야의 전문인이 CMO이다. 영업 형태에 적합한 영업 조직을 구성하고, 판매에 대한 계획을 세워 회사의 제품 생산량을 결정하게 된다. 전사적인 영업 관리의 관점에서 마케팅 계획을 수립하고 이를 적절한 마케팅 조직을 통해 집행하며 그 결과를 마케팅 통제에 의해 측정하는 등의 관리 활동을 총괄하는 고급 임원이 CMO이다. CMO는 마케팅의 모든 활동을 통합적으로 계획하고 조직하며 통제하는 전반적 관리를 해야 하며, 마케팅을 구성하는 각 개별 활동에 관한 관리도 수행하여야 한다.

3) CFO(chief financial officer)는 자금 분야의 전문 경영자를 말한다. CFO는 회사의 자금 부분 전체를 담당하는 총괄 책임자로 최고경영자(CEO)와 함께 가장 비중있는 최고 경영인으로 분류된다. CFO는 회사의 경리, 자금, 원가, 심사 등 재경부분 조직을 하나로 통합, 이를 총괄하는 전문가이다. 기업 활동에 있어서 직·간접 금융의 필요성이 커지고 원활한 자금 흐름의 중요성이 부각되면서 부상한 직책이 CFO인데, 이미 미국, 유럽 등의 선진국형 경영 체제에서는 익숙한 제도이고 국내에서는 여러 대기업들이 이를 도입하여 실시하고 있다.

4) CTO(chief technology officer)는 최고 기술 경영자를 뜻한다. CTO는 기술을 효과적으로 활용하고 관리, 획득하기 위한 모든 활동을 총괄하며 그와 관련한 유용한 정보를 CEO에게 조언해준다. 또한 기업 비전에 맞

는 연구 개발 전략과 신제품 개발 전략을 수립한다. 기술의 변화 속도가 빨라지면서 CTO의 역할도 점차 커지고 있다. 기업 내 기술적 의사 결정의 전 과정을 책임지면서 CEO를 기술적 측면에서 보좌하는 전사적 최고 기술 경영자가 CTO이다. CTO는 내부 기술 개발이라는 협소한 관점의 관리자가 아니라 기업에서 응용될 총괄적인 기술적 사항에 대해서 기술적 책임을 지는 전사적 차원의 경영자 역할을 수행하여야 한다.

벤처 기업의 초기에는 CFO, CMO, CTO 같은 것 없이 모든 분야에서 창업자가 그 역할을 수행하는 것이 일반적이지만, 회사의 조직이 커지고 제품을 생산해서 시장에 대량으로 공급해야 하는 규모의 제법 큰 회사가 되면 이러한 각 분야의 인력을 영입하여 회사의 조직을 만들어야 하기 마련이다. 회사는 경쟁력 있는 제품을 가지고 있어야 시장에서 살아남을 수 있지만, 아무리 좋은 제품을 가진 회사라 해도 이를 생산하고 판매하고 영업하는 사람들이 자기가 맡은 분야에서 적절하고 효율적인 업무를 수행해 주어야만 성공할 수 있는 것이다.

또한 회사에는 경영자들도 필요하지만, 각각의 업무를 수행하는 유능한 실무 직원도 많이 필요하다. 이러한 업무를 수행하는 조직의 구성은 회사의 성격을 구성하는 매우 중요한 요소이다. 최근의 회사는 명령에 의해 업무를 추진하는 상명하복(上命下服) 조직 형태의 구성보다는 구체적인 업무를 수행하는 업무 중심적 조직을 구성하여 업무를 추진하는 형태의 조직 구성 경향이 커지고 있다. 즉, 회사가 수행하여야 하는 특별한 업무마다 TFT(task force team)를 구성하여 그 해당 업무를 수행하는 경우가 많아지고 있는 것이다. 따라서 회사의 최고 경영자는 회사가 업무를 원활하게 수행하기 위한 가장 최선의 조직을 어떻게 구성해야 하는 가에 대하여 깊은 통찰을 해야 하며, 주어진 업무를 수행하기 위한 최선의 사

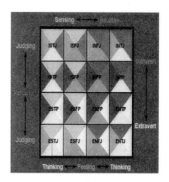

그림 1. MBTI 성격 유형 검사의 성격 유형 구분 그림

람을 선정하고 효율적인 조직을 구성하는데 늘 고심하여야 한다.

사장, 부장, 차장, 과장, 대리 등과 같은 서열식 조직 구조는 명령에 의해 움직여야 하는 조직, 대표적으로 군대와 같이 주어진 업무를 수행하는데 있어 철저하게 임무를 완수하게 하고 어떠한 경우에도 명령을 복종하고 수행해야 하는 조직에 적합하다. 예컨대 제품의 조립 과정에서 만약에 어떤 사람이 임의로 부품을 조립하거나 자신만의 방법으로 제품을 처리하게 되면 그 다음 공정에서는 바로 큰 문제가 발생되어 제품이 올바르게 제조될 수 없을 것이다. 따라서 생산 라인과 같이 정해진 일을 순서에 맞추어 수행하는 목적을 위해서는 이러한 상명하복식의 조직이 더욱 필요할 수 있다. 그러나 창의적이고 유연한 사고가 필요한 연구 개발 팀에게는 이러한 구조로서는 획기적인 신제품의 개발을 기대하기 힘들 것이다. 따라서 이러한 창의적인 업무를 해야 하는 조직이라면 팀장과 팀원으로 구성된 간단한 조직 구성을 하고 각 팀원들의 창조적인 역량을 최대한 끌어낼 수 있도록 조직을 운영해야 하는 것이다.

또한 벤처 기업의 경영진은 각 사람의 특성을 구체적으로 파악하여 이를 활용해야 한다. 사람의 특성을 살펴보면 꼼꼼하고 차분한 사람이 있는 반면 창의적이고 활동적인 사람이 있다. 따라서 경영진은 임직원의 이러한 성격적 특성을 적성 검사와 같은 분석 도구를 이용하여 파악하고 있어야 하며 이를 조직 구성과 업무 분장에 활용해야 한다. 최근 MBTI*에 의한 성격유형 검사를 활용하여 이를 업무 분장에 활용하는 회사들이 늘어나고 있는데 이는 회사의 인적 자원을 적재적소에 배치하여 업무 효율을 늘리고자 하는 시도인 것이다.

벤처 기업의 자금 운영

사업을 시작하는 사람은 우선 회사의 자본금을 마련하여 사업을 시작하게 된다. 이를 최고 경영자가 사재를 털어 마련하기도 하고, 회사를 구성하는 여러 사람이 이를 분담하여 회사의 자본금을 만들기도 한다. 그러나 하나의 기업을 창업하여 그 기업을 운영하기 위해서는 처음의 자본금을 가지고선 부족한 경우가 대부분이다. 그렇다고 해서 창업 단계에서 사업에 필요한 자금부터 충분히 확보하고 난 후 사업을 운영한다는 것 역시도 매우 힘든 일이다. 따라서 사업을 시작하는 경영자는 여러 방면의 정보를 갖고 여러 통로를 통한 자금 조달 방법에 대해서 많은 고심과 준비를 해야 한다.

회사에서 필요한 자금은 회사가 처해 있는 각각의 상황 및 단계 별로 다르게 준비되어야 한다. 창업 단계, 생산 준비 단계, 성장 단계, 성숙 단

---

* 칼융의 심리유형론을 기초로 개발된 성격검사로 심리유형을 파악할 수 있는 성격테스트이다. MBTI성격테스트는 16가지 유형지표로 자기가 타고난 성향을 파악하는 데 목적이 있다.

계 별로 회사에서 필요한 자금은 그 규모가 현저하게 다르기 마련이다. 사업 초기에는 인건비, 사무실 운영비, 연구 개발비, 자재 구입비 등 회사의 생존과 사업 아이템 개발을 위한 최소한의 경비가 필요하다. 창업자가 할 일은 소요되는 자금을 정확히 계산하여 이를 준비하고 운영하는 일이다. 그러나 사업 계획 단계에서 아무리 치밀하게 계산하여도 실제 사업 준비를 하다보면 전혀 예상치 못한 경비가 소요되고, 사업이 예상보다 지연되는 경우에는 더 많은 경비가 소요되기 때문에 최고 경영자는 회사 운영을 위한 자금을 다양한 방법을 통해 조달할 수 있도록 준비해 두어야 한다.

1) 단기 자금과 장기 자금

통상적으로 외부 차입에 의한 부채나 외상 매출금과 같은 자산의 경우 장·단기의 구분을 1년 기준으로 한다. 1년 내에 상환해야 하는 부채는 단기 부채라 하고 이와 비슷한 맥락에서 1년 이내에 현금화가 가능한 자산을 가리켜 유동 자산이라고 한다. 자산의 경우는 현금화에 걸리는 시간이 길면 길수록 불건전 자산으로 분류되어 재무 구조의 건전성 평가에 좋지 않은 자금이 된다. 자금을 외부에서 조달할 필요성이 있을 경우 가급적이면 장기 자금으로 조달하여야 하며 그래야만 재무 구조가 안정성을 띠게 된다. 그러나 금리의 변화가 하향하는 추세라면 이러한 장기 자금의 이자율도 함께 고려하여 자금을 마련하는 것이 바람직하다.

2) 내부자금과 외부 자금

자금이 어디에서 만들어지는 가에 따라 내부 자금과 외부 자금으로 회사 자금을 분류할 수 있다. 당기 순이익, 보유 자산 처분, 내부 자본금의 유보 이익, 자본금의 증자 등 회사 내부에서 자금으로 확보 될 수 있는 경우가 내부 자금이다. 반면 신용 거래에 의한 차입, 담보에 의한 차입

등 외부 은행이나 자본가에 의해 자금을 조달하면 외부 자금으로 볼 수 있다.

3) 기업을 위한 자금 지원

기술력을 바탕으로 하는 벤처 기업의 경우 신기술이나 신제품의 기술력을 평가하여, 이를 생산하고 홍보하며 판매하는 비용을 여러 여신 기관으로부터 확보할 수 있다. 중소기업청의 소상공인 지원 센터에서는 연간 3,000억 원 규모의 지원 자금을 정해진 요건에 의해 지원하고 있다. 또한 중소기업의 생산 기반 고도화와 경영 혁신을 위한 시설 자금 및 구조 조정 자금을 지원하여 경영 체질을 강화하기 위해 중소기업기본법상의 중소기업에 해당하는 기업에게 지원금을 지원하고 있다. 지원규모는 연간 약 10,000억 원이며, 생산성 향상, 지식 기반 산업 육성, 정보화를 위한 시설 자금을 받을 수 있고, 생산 설비를 구입하거나 생산 자재를 위한 소요 자금 또한 확보할 수 있다. 운전 자금은 시설 도입 후 소요되는 초기 가동비(시설자금의 30% 이내)를 말하는데 이에 대한 지원도 실시하고 있다. 또한 다수 중소기업의 입지 문제를 해결하고, 생산성 향상을 위해 추진하는 생산 시설, 공해 방지 시설, 창고 및 제품 전시 판매장 설치 등을 지원하는 중소기업 협동화 자금도 지원하고 있다. 지원 규모는 연간 1,800억 원이며 여러 중소기업들이 이러한 자금의 혜택을 받고 있다.

기업이 초기 성장의 기간을 잘 이겨내고 성숙 단계에 이르면 이 단계에서는 코스닥 등록 또는 주식 공개에 의하여 자금을 유치할 수 있겠지만, 이쯤 되면 회사는 사회적으로 어느 정도 성공을 거두고 매출 규모나 성장성이 이미 일정하게 증명된 경우가 대부분이다. 그러므로 창업 초기의 벤처 기업은 사업의 자금을 조달하기 위해 은행의 융자 절차를 적절히 활용하여야 한다. 은행은 대출 신청 기업과 융자에 대하여 상담한 결과

융자 신청이 타당하다고 인정될 경우, 자금 용도에 따라 대출을 한다. 융자를 받기 위한 필요 구비 서류로는 대개 다음과 같은 서류가 필요하다.

- 사업 계획서
- 신용 조사 및 감정 서류
- 사업자 등록증 사본 및 법인 인감 증명서
- 주무관서의 인가서 또는 추천서 사본
- 융자 신청서
- 기타 필요한 서류

어떤 경우는 신용 보증 기관에서 발행하는 사업성 평가에 의한 보증서를 요구하기도 하는데 이들 모든 서류는 사업 계획서에서 언급한 회사 제품의 사업성과 이 사업을 통한 회사의 이윤 추구 방향 등에 대하여 긍정적 검토 결론이 나와 있어야 얻을 수 있음을 인식해야 한다. 따라서 벤처 기업의 최고 경영자는 본인의 사업에 있어서 사업 성공에 대한 충분한 자신감 및 면밀하고도 충분히 실행 가능한 실천 계획을 확고하게 가지고 있어야 하는 것이다.

사업을 운영하다 보면 회사를 둘러싼 경제 여건이 수시로 변하기 때문에 자금 확보와 자금 운영이 결정적으로 중요한 요소일 경우가 많다. 이 때문에 회사의 최고 경영자는 사업의 생존과 발전을 위해 필요한 자금에 대한 철저한 계획과 대응 방안이 있어야만 회사를 성장시킬 수 있는 것이다. 아무리 좋은 사업 아이템이 있다하더라고 이를 개발하고 생산하고 홍보하고 이를 판매하는 것은 막대한 시간과 자금이 들어가는 긴 과정이란 것을 늘 명심해야 한다.

벤처 기업의 영업 전략

벤처 기업이 생산하는 제품을 소비자에게 판매하는 것은 생각처럼 쉬운 일이 아니다. 자기가 개발한 제품에 대한 신뢰감이나 자신감은 그 제품의 개발자의 경우 마치 마술과 같이 인식되어 있는 경우가 대부분이다. 객관적 평가 보다는 주관적 자신감이 넘쳐서 실질적인 평가보다 자신의 제품에 과대한 평가를 하게 된다. 따라서 시장에서 이 제품은 당연히, 그리고 반드시 잘 팔리게 되리라는 생각을 하게 된다. 그러나 어떠한 제품이 시장에서 소비자에게 선택받느냐 아니냐 하는 것은 결코 간단한 문제가 아니다. 소비자가 제품을 선택하는 기준은 그야말로 다양하며, 심지어 사회적 배경이나 지리적 차이점, 연령이나 성별에 의해서까지 다양하게 변화되기 때문이다.

제품이 판매되는 시장 또한 일반적으로 여러 가지가 있다.

- 백화점이나 마트 등 오픈 전시 매장 판매
- 다양한 홈쇼핑 채널에 의한 판매
- 대리점 등 판매 창구에 의한 판매
- 인터넷 쇼핑몰에 의한 판매
- 다단계나 방문 판매 등에 의한 인적 판매

각 시장의 성격이 조금씩 다르기 때문에 시장에 따라 다양한 영업 전략이 구사되어야 하며 각 시장에서 요구되는 제품의 특성도 일반적으로 달라야 한다. 벤처 기업에서 제품을 판매하는 영업 전략을 수립할 때 시장의 종류에 따른 판매 전략을 시장의 특성에 맞게 세워야 함은 물론이다.

제품을 원활하게 판매하기 위해서는 반드시 그 제품에 대하여 효과적으로 홍보를 하여야 한다. 제품의 특징과 제품의 우수성, 그 제품의 필요성을 소비자에게 효과적으로 알리고 소비자의 구미에 맞는 제품인 것을 알려야만 소비자는 그에 합당한 비용을 지불하고 구매하게 되는 것이다.

그러나 제품을 소비자에게 홍보하는 것은 매우 큰 비용과 시간을 필요로 하는 일이다. 소위 공중 매체를 통해 제품을 광고하는데는 상당히 많은 자금이 필요하다. 광고를 위한 자료를 상세하게 편집하거나 촬영을 해야 하며 이를 적절한 광고 매체를 통해 소비자에게 전달해야 한다. TV 공중파에 광고를 하기 위해서는 광고 제작비도 매우 큰돈이 필요하며 또한 수억 원의 광고료를 지불해야만 광고를 할 수 있는 실정이다. 일간 신문이나 정기 간행물을 이용한 광고도 광고 매체의 성격에 따라 다르긴 하지만 효과 있는 홍보를 위한 지명도 있는 매체는 많은 돈을 지불해야만 이용할 수 있다. 따라서 새롭게 개발된 신제품을 홍보하기 위해서 일반적인 광고수단을 사용하는 것은 매우 힘들고 많은 비용을 지불 해야만 가능한 일인 것이다. 그리고 일반적으로, 광고는 어느 정도 인지도가 있는 제품을 홍보할 때에 그 효과가 높게 나타난다고 한다. 신생 기업에서 새롭게 출시되는 제품은 그 광고에 들인 비용만큼의 효과를 기대하기 힘든 경우가 많다.

벤처 기업은 이러한 광고 및 홍보에 대한 전문가를 회사 내에 영입하기도 여건상 힘들기 때문에 자기 제품에 대한 광고를 효율적으로 하는 것은 매우 어려운 문제이다. 중소기업청에서 주관하는 중소기업 광고 지원 프로그램을 활용해 보는 것도 벤처 기업 입장에서 시도해 볼만한 유용한 지원 사업이 될 것이다.

벤처 기업에서 새롭게 만든 제품이 기존에 대중에게 알려져 있는 제품이 아니라 새로운 개념의 기능성 제품일 경우는 이 문제는 더욱 심각하다. 제품의 특징과 사용상의 필요성 등을 소비자에게 알려야만 판매할 수 있는데 이러한 제품 정보를 소비자에게 전달하는 데에는 매우 많은 시간과 노력, 비용이 들어가기 때문이다. 따라서 이러한 제품은 제품의 효능과 함께 제품을 홍보할 수 있는 홈쇼핑 채널이 적절한 판매 통로가 될 수도 있다. 홈쇼핑을 통해 제품의 신기능과 필요성을 소비자에게 교육하며 판매하는 하는 것은 광고의 막대한 직접 비용을 지불하지 않으면서도 제품을 광고할 수 있는 중요한 방안이 될 수 있다.

홈쇼핑 회사에서는 방송 시간 내에 적절한 매출을 해야만 방송이 지속되기 때문에 주어진 시간 동안 효율적인 매출을 올리기 위해서는 많은 준비와 판매 전략이 필요하다. 만약 새롭게 출시한 제품이 시간당 매출 효율을 올리지 못한다면 어렵게 홈쇼핑 채널을 통해 판매 방송을 시작하였을지라도 다음 방송을 기약할 수 없게 되는 것이다. 지금도 수많은 제품들이 홈쇼핑 채널을 통해 소개되고 판매되지만 이러한 판매에서 성공을 거두는 신제품이 많지 않다는 점을 벤처 기업 경영자는 명심해야 된다. 만약 홈쇼핑 방송 판매를 위해 준비한 제품을 팔지 못하고 제품이 재고로 남게 된다면 회사는 막대한 재정적 타격을 입게 되고 이때문에 자금 사정이 악화되어 기업의 생명이 위태롭게 되는 경우도 종종 있기 때문이다.

이 외에도 제품의 개발 과정을 신문이나 방송의 뉴스나 집중 보도 또는 다큐멘터리 형식의 방송을 통해서 간접적으로 광고를 할 수 있다. 최근 신생 기업을 위하여 이러한 보도성 기사나 방송이 늘어나는 추세에 있으므로 이러한 프로그램을 적절히 활용하는 것도 제품 홍보에 꼭 필요한 전략이 될 수 있다.

새로운 신기술과 끊임없는 연구를 통해 독창적인 사업 아이템을 만들고 개발에 성공하였다 하여도 이를 소비자에게 적절한 시간 내에 판매하지 못한다면 그 기업은 존재할 수 있는 기회를 잃게 된다. 따라서 개발된 제품에 대한 판매 및 영업 전략은 회사의 생존과 발전을 위해 반드시 사전에 철저히 계획되고 수립되어야 한다.

벤처 기업의 리스크

혁신적이고 창조적인 제품을 개발하여 철저한 준비 과정을 거쳐 창업한 벤처 기업이라 할지라도 여러 가지 제품을 생산하여 이를 판매하는 것이 쉬운 일이 아니라는 사실을 위의 과정을 통해 설명하였다. 성공을 확신하며 기업을 창업하고 사업에 성공을 꿈꾸는 수많은 사람들이 오늘도 새로운 회사를 만들고 있는 것은 또한 사실이다. 벤처 기업을 시작하는 창업자는 항상 성공에 확신을 하며 사업을 시작하지만 수 많은 회사들이 몇 년 안되는 짧은 기간을 견디지 못하고 그 생명을 마치는 것 또한 엄연한 현실인 것이다. 벤처 기업을 창업하고 그 사업을 시작하는 사람은 성공에 대한 희망도 물론 가져야 하지만, 사업을 실패하였을 때에 대한 대책도 숙지하고 사업 실패에 대한 대책도 준비하여야만 한다.

벤처 기업의 창업을 활성화하기 위해서는 사업에 실패하는 사람에게 적절한 만큼의 책임을 요구해야 한다. 그러나 유감스럽게도 우리나라의 경우 창업자는 창업 회사의 모든 책임에 대표이사가 무한 책임을 지게 되어 있다. 또한 은행에서 회사의 자금을 차입할 때에도 은행이 대표이사에게 무한 보증의 책임을 지우는 것이 일반적이다. 따라서 창업자가 회사의 모든 대여 자금에 대해 개인적인 변제의 책임을 도맡아야 한다는 것이 현실에 가깝다. 필자의 생각으로도, 패자부활이 참 어려운 곳이 우리 한국 사회가 아닐까 한다.

벤처 기업을 창업하는 창업자는 회사가 부실화되는 경우 발생하는 모든 책임을 가혹하리만큼 개인적으로 져야 한다. 만약에 그가 창업한 회사가 부도로 회사의 기능을 상실하여 문을 닫더라도, 대표이사는 벤처 기업이 가지고 있는 모든 채무에 대하여 개인적으로 무한 책임을 떠안게 되는 것이다. 현실은 현실인 것이므로, 이러한 무거운 책임을 인식하고 회사를 창업하고 또 경영을 하여야 한다. '오늘 회사가 문을 닫더라도 나 대표이사는 어떠한 대책을 가지고 있는가' 항상 자문(自問)하며 사업에 임하여야 한다는 것이다. 그러나 이러한 철저한 인식 없이 사업을 진행하다 보면 회사가 문을 닫게 되는 경우 대표이사가 막대한 채무를 보증하게 되어 결국 이를 감당할 수 없는 경우가 발생하게 된다. 사회적으로 경제 활동을 더 이상 못하게 되고 이때문에 인생 자체에도 개인적으로 막대한 피해를 떠안게 되는 것이다.

벤처 기업을 운영하는 대표이사는 항상 이러한 무한 책임을 인식하고 만약에 그 회사가 문을 닫을 때에도 자신이 어느 정도는 감당하고 대책을 세울 수 있는 규모로 사업을 유지하는 것이 좋다. 보통 사업 상황이 좋고 현금 흐름이 양호할 때는 인식하지 못하다가 회사가 어려워졌을 때 비로소 이런 부분을 인식하는 경우가 많은데, 진정한 벤처 기업의 책임 있는 경영자라면 항상 인식하고 있어야 옳다.

하나의 회사를 창업하고 이를 운영하다가 여건이 안좋아 쓰라린 실패를 맛보는 것도 기나긴 인생살이를 감안한다면 대단히 중요하고 소중한 경험이기 때문에, 실패가 닥쳐오더라도 그 실패를 딛고 오뚜기처럼 재기하는 방안도 항상 준비하고 있는 현명한 사람이 되어야 하는 것이다. 그러나 현실적으로 한국의 벤처 기업 환경은 아직 그렇지 못한 경우가 많다는 점이 안타까운 현실이다. 구글이나 아마존처럼 크게 성공한 미국의 벤처 기업만 부러워할 것이 아니라 창의적이고 열정이 넘치는 젊은 사업가들이 자신들의 회사를 창의적으로 설립하여 운영하고 이에 대하여 국가와 사회가 초기에 필요한 지원을 제공하며, 설사 실패하더라도 감당할 수 있는 만큼만 책임을 지게 하는 건강한 벤처 기업 생태계를 하루 속히 마련해야 하는 것이야말로 국가적 과제라고 하겠다.

8장. 벤처 제품화 사례 연구

들어가는 말

본 장에서는 제품에 대한 아이디어가 어떻게 제품화 되는가에 대한 실제 예를 살펴보고자 한다. 아무리 아이디어가 좋다 할지라도 그 제품을 개발해 나가는 과정에 대한 경험이 없다면 그 아이디어는 제품으로 발전할 수 없을 것이다. 새로운 제품을 개발하는 과정이란 매우 어려운 여러 가지 과정을 거쳐야만 완성되는 일이다. 하나의 아기가 태어나서 어린 시절의 여러 성장 과정을 고루 거쳐야 성인이 되는 것처럼 제품 아이디어도 이러한 성장의 과정을 겪어야만 시장에 나갈 수 있게 되는 것이다. 따라서 제품이 개발되는 과정의 예를 살펴봄으로써 제품 개발 과정을 간접 경험하고 제품을 개발하기 위한 여러 가지 경우에 대한 중요한 점들을 얻을 수 있을 것으로 기대한다.

하수구 설치 분쇄 장치의 개발 사례

1) 제품 개발의 필요성

일반적으로 가정에서 사용되는 세면대나 욕조 아래의 하수구에는 하수구로부터 발생하는 냄새를 차단할 수 있는 유트랩(U-trap) 장치를 구비하고 있다. 이 장치는 U자 형태의 관을 설치하고 관의 통로 중에 물 층이 관을 채우도록 하여 하수구 아래로부터 위쪽으로의 공기 유통을 차단할 수 있도록 하는 것이다.

그러나 이러한 구조로 인해 욕실에서 발생하는 대부분의 오물질인 모발(human hair)이 유트랩 안에 쌓이게 된다. 이 오물의 양이 많아지면 하수구 유로를 차단하여 물의 흐름을 막게 된다. 이를 해결하기 위하여 오물이 도구에 걸리도록 고안된 물리적인 도구를 사용하여 오염 물질을 제거하기도 하는데 이는 외관상으로 매우 불결하고 악취도 심하기 때문에 대부분의 경우는 화학적 분해성분을 가진 상용화된 용액 제품을 사용하여 하수구 막힘 현상을 해결하게 된다. 그러나 상용화된 분해 용액을 사용할 때 과량의 분해 물질이 하수구로 흘러가게 되고 실제적으로 하수 오염과 같은 수질환경 오염의 큰 원인이 될 수 있음은 자명하다. 또한, 모발이 대부분인 오물질의 제거를 할 때에는 한두 번 화학 분해 용액을 사용하는 정도로는 막힘 현상이 완전히 제거되지 않는 경우가 많기 때문에 수차례의 시도를 하게 되며 따라서 과량의 화학 물질을 사용하게 되니 문제이다.

가정용 하수구 막힘 현상의 주범인 모발은 난분해성 섬유 형태인 케라틴(keratin) 단백질로 구성되어 있다. 이러한 모발은 전 세계적으로 공통적인 문제를 유발한다고 볼 수 있는데, 인간뿐만 아니라 애견이나 고양이 등의 털에서 발생되어 쌓이는 케라틴도 엄청난 양이라고 한다. 모발은 비늘 모양의 각질 세포가 여러 겹으로 겹쳐진 형태로 되어 있는데, 외부 충격으로부터 머리 등의 형태를 보호할 수 있는 질기고 견고한 구조를 가지고 있다. 케라틴은 단백질의 일종이므로 화학적 분해가 가능하기는 한데, 워낙 질기고 견고한 구조를 지니고 있어서 화학적 처리 비용이 비교적 높고 일부 아미노산이 파괴되어 악취를 유발하는 단점이 있는 것으로 알려져 있다. 또 다른 시도로서 이러한 화학적 분해의 부작용이 적도록 하기위해 케라틴 오물을 분해 미생물을 통해 처리하는 연구가 진행되기도 하였다. 그러나 이러한 연구에도 불구하고 아직까지 환경 오염을 줄이는 생물학적 분해 방법은 상용화에 이르지 못하였으며 상업적으로 성공적인 제품을 생산하는데 까지는 연결되지 못하고 있다.

따라서 개발자는 욕실에서 발생되는 케라틴이 대부분인 오물을 물리적으로 분쇄하는 유트랩 기능을 갖는 장치를 개발하는 것이 매우 필요할 것으로 판단하였다. 이를 통하여 환경 오염을 유발하는 화학적 분해 약품의 사용을 획기적으로 줄이게 됨으로써 화학 제품에 의한 하수 오염을 줄이는 중요한 효과를 거둘 수 있을 것이다. 이러한 모발을 분쇄하는 장치를 개발하기 위하여 여러 가지 형태의 기구(mechanism)를 사용하여 그 적합한 분쇄 형태를 실험 하였으며 이를 가정용 유트랩 장치에 적용할 수 있도록 장치를 설계하였다. 이를 위하여 여러 가지 형태의 물리적 구조가 시험 되었으며 그 구조에 최적인 구조를 구현하기 위한 실험을 실시하였다.

2) 제품 개발을 위한 실험 및 고안

이 제품 개발에서는 물리적인 여러 가지 고안을 통해 모발의 절단 분쇄 능력을 실험하였다. 모발이 주종인 오물을 물리적으로 분쇄할 수 있는 가장 효과적인 기구를 개발하기 위하여 다음과 같이 몇 가지의 분쇄 형태를 실험하였다.

첫번째로 사용된 방법은 흔히 사용되는 가정용 믹서나 손 믹서(도깨비 방망이)와 같은 회전 칼날을 사용하여 분쇄 능력을 실험하는 것이다. 두번째로는 커피와 같은 알갱이를 분쇄하는 기구를 사용하여 같은 방법으로 분쇄 능력을 시험하였다. 또한 기존의 분쇄 기구 이외에 본 개발에서 적절한 분쇄 능력을 가진 물리적 장치를 새롭게 설계하여 모발을 분쇄하는 실험을 실시하였다.

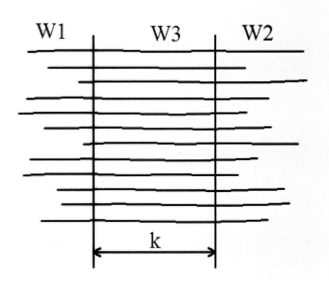

그림 1. Chandler's method

　분쇄된 케라틴 섬유의 분쇄 능력을 실험적 방법으로 표시하기 위해서는 섬유 다발의 평균 길이를 측정하기 위한 효과적인 방법이 필요하였다. 이를 위하여 절단 섬유의 길이를 무게를 통해 측정하는 방법이 (=Chandler's method) 사용되었다. 이 방법에서는 그림 1에서 보듯 여러 길이를 가진 일정 수의 섬유 다발을 만든다. 이때 가장 짧은 길이의 섬유가 중앙에 포함되도록 섬유 다발을 만든다. 그 중 길이가 가장 짧은 섬유의 길이보다 적은 길이로 섬유 다발의 좌우측 부분을 각 각 절단한다. 절단 후 중간 부분의 무게를 측정하여 절단 전 측정된 전체 무게로부터 아래와 같은 식을 사용하여 평균 길이를 실험적으로 계산할 수 있다.*

---

*　이 부분 이후의 수식 전개 부분은 독자 모두가 이해해야 할 필요는 없다. 제품 개발 과정의 실제 예를 독자에게 보여주기 위한 과정의 일부이며, 신제품을 개발하는 과정에서 이처럼 수

L : 평균 길이 (mm)

n : 섬유 다발속의 섬유의 개수

w : 단위 길이 당 평균 무게 (mg/mm)

Lwn : 섬유다발의 전체 무게 (mg)

kwn : 중간 부분의 무게 (mg)

wn(L–k) : 양측 절단부의 무게 (mg)

r = (W1+W3)/W2 : 양 끝단 절단 부분과 중간 부분의 무게 비율

이로부터

$r = wn(L{-}k) / kwn = L/k \; -1$

따라서

$L = k(r +1)$

실험에서 사용되는 물리적 절단 및 분쇄 장치의 분쇄 효율을 수치적으로 표현하기위하여 실험된 모발 물질의 절단수(C_n : cutting number)를 본 개발 연구에서 다음과 같이 정의하였다. 또한 이 절단수(C_n)는 실험 모발이 통계 유의적으로 많다고 가정하여 평균 길이로부터 아래식과 같이 정의하였다.

L_o = 절단 전 모발의 평균길이 (mm)

학적 계산이 필요한 경우도 자주 있음을 이해하면 된다.

no = 절단 전 모발의 개수

L = 절단 후 모발의 평균길이 (mm)

n = 절단 후 모발의 총 개수

n $\fallingdotseq$ int {$(L_o \times n_o)$/L}, 단 int (x) = x 에 가장 근접한 정수

$C_n = n - (n_o - 1)$

$\overline{C_n} = C_n / n_o$

이 개발에서는 실험에 사용되는 절단 및 분쇄 장치에 대하여 평균 길이와 절단수를 사용하여 절단 능력을 비교하였다. 또한 설계된 실험 장치의 효율적 설계를 평가하는 중요한 실험값으로 이러한 절단수 C_n을 사용하여 평가하였다. 이 절단수는 전체적인 모발이 절단된 총 개수의 값이므로 이를 절단 전 모발의 개수(n_o)로 나누면 평균 절단수로 각 각의 절단 전 모발이 평균적으로 몇 번 절단되었는지를 나타내는 평균절단수 $\overline{C_n}$값을 구할 수 있다.

3) 개발 실험의 결과 및 고찰

욕실의 유트랩 장치 속에 쌓이는 오물질인 케라틴 성분의 모발을 효과적으로 절단 분쇄하는 물리적 도구를 고안하기 위하여 다음과 같은 분쇄장치를 사용하여 분쇄실험을 실시하였다.

*M1(장치 1) : 회전 모터의 축에 회전 칼날을 고정하여 물질을 분쇄하는 장치

*M2(장치 2) : 밀착된 면에 회전하는 분쇄 기구를 회전하여 분쇄하는 장치

*M3(장치 3) : 밀착된 면에 칼날을 삽입하여 칼날끼리의 마찰을 이용하여 분쇄하는 장치

M1 장치는 가정에서 보편적으로 사용되는 손믹서기(도깨비 방망이)를 사용하였으며 M2 장치는 원두 커피 분쇄 장치를 사용하였다. M3 장치는 실험을 위하여 각각의 상하면에 칼날을 삽입한 실험 도구를 제작하여 실험하였다. 실험에는 유트랩과 같은 환경을 고려하여 적당량의 물과 함께 모발을 투여한 후 일정 시간 절단 분쇄 동작을 실시한 후 실험 결과를 측정하였다. 실험에 사용되는 모발은 100mm가 넘는 길이를 가진 것을 중간지점에 클립을 설치하여 약 50개 이상이 되도록 하여 모은 후 양 끝단을 절단하여 L_o = 100mm 무게 비율 r = 0, L_o = k 이 되도록 실험 시료를 준비하여 각각의 장치에 넣어 실험을 실시하였다. 절단 실험 후 절단 된 모발을 수거하여 모발의 중앙 부분에 클립을 설치하여 모발 개수가 30~50 정도 되도록 섬유 다발을 만든 후 가장 짧은 모발의 길이를 기록하고 이 보다 길이가 짧도록 k를 설정하여 양 끝을 절단하였다. 이로부터 다시 Chandler's method로 평균길이를 구하였다.

experiment number	w (mg/mm)	L_o (mm)	k (mm)	L (mm)	L_e (mm)	$\frac{|L-L_e|}{L_e} \times 1$
1st	0.0091	100	15	17.3	16.1	7.2
2nd	0.0103	100	18	19.8	18.7	5.9
3rd	0.0132	100	20	21.2	22.2	4.3
4th	0.0098	100	22	23.4	21.7	7.8
5th	0.0012	100	25	26.8	25.1	6.5

표1. The average length L of hairs calculated by Chandler's method and the average length L_e obtained by real measurements

실험에 사용된 모발의 평균 길이 당 무게는 시료 다발을 만들어 평균 값을 구하여 사용하였으며 예비 실험을 통하여 Chandler's method가 평균선 질량을 사용하여 통계적 오차가 약 8% 미만의 값에서 적용할 수 있음을 표1 과 같이 확인하였다. Chandler's method 에서는 실험에서 사용된 섬유의 단위 길이당 질량이 일정하다는 가정에 의하여 식이 성립하는데, 본 개발에서는 모발의 단위 길이당 질량을 단위길이 당 평균 질량으로 설정하여 실험하였다. 이로서 모발의 절단 실험 장치에서 절단된 다량의 수의 모발 평균 길이를 무게비를 통해 적은 오차 범위 안에서 얻을 수 있었다.

그림 2의 결과에서 M1과 M2 경우 시간이 흘러도 평균 길이의 비 L/L_0 값이 변하지 않고 거의 1의 값을 보이고 있다. 실험 후 장치를 살펴보면 M1 의 경우 모발이 축에 감기어 회전을 계속 하더라도 절단되지 않음을

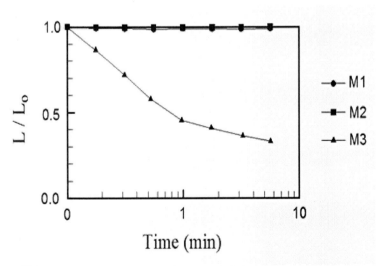

그림 2. The ratios of average lengths of hair compared with the original length in various cutting instruments versus time.

확인하였다. 물의 회전과 함께 회전하면서 모발이 축에 감기는 것으로 확인 되었으며 축에 감긴 후에는 절단되지 않는 것으로 판단되었다. M2 장치의 경우 회전 물체와 지지판의 마찰을 통하여 모발이 절단되지 않는 것으로 확인되었다. 회전 물체와 지지판의 간격을 밀착하여도 모발은 분쇄되기 힘든 것으로 판단되었다. 위와 같은 실험 결과를 바탕으로 케라틴 단백질로 구성된 모발은 기존의 회전 분쇄장치나 마찰 분쇄 장치에서 절단 분쇄하기 힘든 것으로 판단되었다. 따라서 새로운 구조를 가진 절단 장치를 고안하였다.

그림 3은 새롭게 고안된 절단 분쇄 장치의 그림이다. 이 장치는 원뿔 형태의 밑판에 절단 칼날을 3개에서 9개 까지 삽입할 수 있도록 고안하였고, 원뿔의 표면을 회전하는 회전체를 만든 후 이 회전체에 역시 칼날을 3개 장착하였다. 이렇게 고안된 장치를 통하여 밑면의 칼날 부분과 회전체의 칼날 부분이 서로 맞물리게 되고 이때 회전체의 회전 운동을 통해 모발 섬유가 절단 되도록 고안하였다.

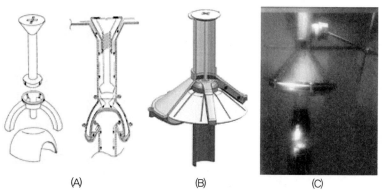

(A)　　　　　　　　(B)　　　　　　　　(C)

Conceptual design 3D diagram of Real instrument

그림. 3. The cutting and crushing instrument M3 designed for cutting and crushing the hairs in drainage system.

고안된 M3 장치는 하수구를 통해 유입되는 악취를 물로 차단하는 구조를 갖춰야 한다. 이러한 기능을 갖도록 하기 위하여 원뿔 밑면 하단부에 도우넛의 하단부를 절개한 표면과 같은 모양으로 물을 담을 수 있도록 외부 형태를 고안하였으며 이곳에 물이 고이도록 설계하였다. 이러한 절단 도우넛형의 구조에 물이 고여 하수구로 부터 발생하는 악취를 효과적으로 차단하면서도 모발이 이 유로나 원뿔 밑면에 걸릴 수 있도록 설계하였다. 또한 원뿔의 윗면에 회전체를 안치하였는데 이는 세면대 윗부분과 긴 회전축으로 연결되어 있어 간단한 도구를 통하여 회전시킬 수 있도록 고안되었다. 전동 드라이버나 전동 드릴과 같은 장치를 통하여 간편하게 회전축과 회전체를 동시에 회전시켜 고정 칼날과 회전 칼날의 맞물림 운동을 통하여 모발을 효과적으로 절단할 수 있도록 고안하였다.

M3 장치를 사용하여 밑면 칼날의 개수를 3개, 6개, 9개로 변화시키면서 장착하여 장치의 평균 절단수를 시간에 따라 구하였다. 실험에 사용된 회전 동력은 전동 모터를 사용하였으며 감속 기어를 사용하여 분당 회전수를 60으로 실험하였다. 위와 같은 실험 조건에서 그림. 4 의 결과에서 보듯 절단수는 칼날의 개수를 증가할 수 록 큰 값을 가짐을 알 수 있었다. 모발의 효율적 절단을 위하여 칼날의 개수를 3개 이상하여야 함을 결과로 알 수 있었다. 그러나 칼날의 6인 경우와 9의 경우 절단수가 큰 차이를 보이지 않으므로 칼날은 6개 이하로 사용하여도 절단 성능에 큰 문제가 없을 것으로 짐작할 수 있다. 주어진 구조에서 칼날을 9개 설치하는 것은 설계나 구조에 많은 복잡함이 동반되기 때문에 실험 결과에 따라 6개 정도의 칼날이 적당한 절단 성능을 얻으면서도 비교적 간단한 장치를 제조할 수 있을 것으로 판단된다. 또한, 칼날의 개수가 6인 경우 시간이 1분을 경과 한 이후는 평균 절단수의 변화가 크게 없는 것으로 나

타났다. 이는 본 실험 장치가 주어진 실험 조건에서 1분 이내의 작동 시간동안 거의 대부분의 모발이 절단됨을 알 수 있었으며, 이러한 실험 결과를 통하여 주어진 회전 조건에서 본 실험 장치의 적절한 작동 시간을 구할 수 있었다. 따라서 본 실험에서 고안된 모발 절단 분쇄 장치의 성능을 평균 절단수 값을 사용하여 분석함으로써 주어진 실험 조건에서 가동 적절 시간과 최적의 칼날 개수 구조를 실험적으로 도출 할 수 있었다.

본 개발에서는 모발과 같은 섬유 절단 분쇄장치에서 Chandler's method를 사용하여 비교적 간단히 측정할 수 있는 무게 비를 통하여 다량의 절단된 모발의 평균길이 값을 얻을 수 있었으며, 또한 정의된 평균 절단수를 분석하여 실험 장치의 최적 설계 조건과 최적 작동 시간을 확인할 수 있는 실험 방법을 제시하였다. 이러한 본 개발의 결과는 기계적으로 섬유상 물질을 절단 분쇄하는 다른 장치에도 적용할 수 있는 실험 기준을 제시할 수 있을 것으로 사료된다. 이러한 실험 방법과 평균 절단

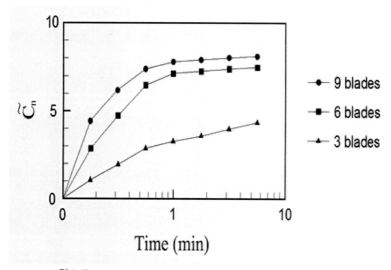

그림 4. The average cutting numbers obtained by the cutting and crushsing.

수 분석 결과는 섬유 절단 및 분쇄의 작동이 일어나는 모든 장치에서 설계기준을 제시할 수 있는 실험적 방법으로서 하나의 좋은 예시가 될 수 있을 것이다.

본 개발에서 고안된 M3 섬유 절단 분쇄 장치가 효과적으로 섬유를 절단할 수 있다는 것을 실험을 통하여 알 수 있었으며, 이러한 장치는 가정용 세면대와 같은 구조에 간편하게 설치하여 적용할 수 있을 것으로 판단된다. 본 개발에서 고안된 장치가 전동 드라이버와 같은 간단한 회전장치를 사용하여 가정에서 발생되는 하수구 오염 물질을 효과적으로 절단 분쇄 할 수 있다는 것을 실험적 결과로 확인하였다. 이러한 장치를 보급함으로써 화학적 분해 물질의 사용을 효과적으로 감소시킬 수 있을 것으로 판단된다. 이는 최근 심각해지고 있는 하수구 유해 물질의 과다 사용을 감소시켜 환경 오염을 막는 유용하면서도 편리한 장치가 될 것으로 기대된다.

4) 제품 개발의 결론

본 개발에서는 난분해성 케라틴 단백질이 주성분인 모발을 절단 분쇄하는 장치를 실험하였다. 본 개발을 위하여 모발을 효과적으로 절단할 수 있는 절단 분쇄 장치를 설계하여 그 절단 성능을 실험하였다. 본 개발에서는 모발 절단 분쇄 장치의 절단 성능을 평가하기 위하여 Chandler's method를 사용하여 비교적 간단한 무게 측정을 통해 평균 모발 길이를 크지 않은 오차 범위에서 구할 수 있음을 보였다. 또한, 평균 절단수를 정의하여 고안된 모발 절단 분쇄 장치의 성능을 평가하였다. 이러한 실험 결과로부터 주어진 실험 조건에서 최적의 구조와 최적의 작동시간을 구하는 기준을 제시 할 수 있었다. 이러한 실험 방법과 결과는 섬유 형태

물질의 절단 분쇄가 필요한 다른 장치에서도 설계와 분석에 사용할 수 있는 하나의 좋은 예시가 될 것이다. 또한 본 개발에서 고안된 절단 분쇄 장치가 실험을 통하여 효과적으로 모발을 절단 분쇄하는 것을 알 수 있었다. 본 개발에서 개발된 장치를 일반 가정에 설치하여 보급함으로써, 난분해성 모발을 화학적으로 분해하는 기존의 환경 오염 물질의 사용을 효과적으로 감소시킬 수 있을 것이며 최근 심각해지고 있는 하수구에 의한 수질환경 오염 방지에도 도움이 될 것이다.

음식물 쓰레기 처리 장치의 개발 사례

1) 제품 개발의 필요성

처리하기 곤란한 음식물 쓰레기로 인한 환경 오염을 해결하려는 노력이 중요해지고 있다. 국내에서 1년 동안 발생하는 음식물 쓰레기의 양이 약 4백만 톤에 달한다는 통계 숫자가 말해주듯, 음식물 쓰레기를 환경에 부담을 주지 않고 원활하게 처리하는 일이 얼마나 중요한지 알아야 할 것이다. 음식물 쓰레기는 다량의 수분 및 유기물을 함유하고 있어서 처리가 어려운데다가, 해마다 발생량이 증가하고 있어 각 가정에서 이를 처리하기 위하여 여러 가지의 고안품이 개발되었으며 일부는 사용되고 있다. 최근에는 음식물을 분쇄 건조하는 건조형의 음식물 처리기가 일부 보급된 편이나, 악취 문제와 과다한 전력 소비량 문제때문에 기술적 한계에 맞닥뜨린 상태이며 새로운 형태의 음식물 처리기의 필요성이 요구되고 있다.

주방용 오물 분쇄기(garbage disposer)는 가정 및 식당에서 발생하는 음식 폐기물을 파쇄하여 배수관으로 투입시키는 기계로서 1927년 미국의 John Hammes에 의해 개발되었다. 우리나라에서는 1985년경부터 일부업체가 공업진흥청으로부터 전기용품으로 형식 승인을 받아 일부에서 보급되었으며 제한적으로 사용하고 있다. 그러나 수입품이라서 우리나라 도시 주거 여건과 잘 맞지 않는 부분이 많은데, 부패로 인한 악취가 발생하고, 파쇄된 찌꺼기로 인한 하수 흐름의 방해를 일으키는 경우가 있으며 하수 처리장의 부하 증가 등의 문제가 예상되어 1991년 오수분뇨법 제정시 사용 제한 권고 규정이 신설되었고, 1995년에 하수도법에 주방용 오물 분쇄기 판매 · 사용 금지를 규정하였다. 그러나 생활 수준이 향상되고 고령화 사회로 접어 들면서 많은 수고가 필요한 음식물 쓰레기 처리를 편리하고 쾌적하게 해결하는 방안이 절실하게 되었으며, 이러한 음식물 쓰레기 처리 장치에 대한 필요성이 증대되고 있다. 또한 2005년 음식물류 폐기물의 직 매립 금지 제도 시행으로 음식 폐기물의 매립 처리가 곤란해짐에 따라 이를 처리하는 문제가 큰 사회적 이슈가 되고 있다. 음식물 쓰레기 퇴비화의 문제점 및 사료화 문제점을 언급한 여러 언론 보도를 보더라도 적절하게 처리하기란 여간 어려운 일이 아님을 알 수 있다 하겠다.

최근에는 음식 폐기물을 분리 수거 이전에 간단하게 처리하는 분쇄 건조형 가정용 기계들이 많이 보급되었는데, 이러한 제품의 경우 건조 시간이 많이 필요하고, 싱크대와 별도의 위치에 설치하여 사용하여야 함으로 주부들은 불편함을 느끼고 있다. 따라서 주부들 중 많은 이들에서 싱크대 일체형으로 음식 폐기물을 처리할 수 있는 주방용 오물 분쇄기가 개발되었으면 하는 기대를 갖고 있다. 싱크대에 설치되어 음식물을 분쇄하고 이를 분리하여 건조하는 싱크대 일체형 음식물 처리기는 국내 몇 몇 회사에서 개발하여 시판하고 있기는 하다. 그러나, 이러한 기계의 대부분이 스크류 기어 방식을 사용하고 있으며, 현재까지는 가격이 비교적 높은데 비하여 성능은 만족할 만한 제품이 개발되지 못한 형편이다. 기존의 제품들은 분쇄, 이송, 건조의 일련의 과정이 복잡하게 되어 있어 가격이 고가인 관계로 가계에 부담을 초래할 뿐 만 아니라, 그 사용성도 불편하여 소비자로부터 외면을 당하고 있다.

금번 기술 개발은 이러한 배경을 바탕으로 하고 있다. 하나의 모터만을 사용하여 음식 폐기물을 분쇄하고, 이를 원심력을 사용하여 탈수 이송하는 획기적이고 간단한 제품을 설계하고자 하는 것이다. 이러한 제품의 설계를 통하여 소비자에게 보다 저렴한 가격의 제품이 공급될 수 있게 될 것이다. 본 개발을 통하여 간단하면서도 저렴한 음식물 처리기가 설계되면 이러한 문제를 해결할 수 있을 것이다.

2) 제품 개발의 과정

현재 가정에서 사용되고 있는 음식 폐기물을 처리하는 기계는 싱크대 일체형과 별도 설치형으로 나눌 수 있고, 그 처리 방식은 건조형과 분쇄 건조형 및 미생물 소멸형으로 구분될 수 있다. 미생물 소멸식 장치는 그 소멸 시간이 길고 미생물의 소멸 성능이 뛰어난 제품이 아직까지는 개발되지 않아서 그 실용성이 현저히 떨어지고 있으며, 그 소멸 과정에서의 악취 처리가 용이하지 않아 가정용으로 성공한 제품은 없다. 건조형 제품의 경우 열풍 건조 및 가열 건조 제품들이 생산되고 있으나, 건조 시간이 많이 걸리고, 또한 싱크대에서 처리된 제품을 모아서 별도의 설치 장소에 제품에 다시 투입해야 하므로, 편리성에서 현저히 그 가치가 떨어진다. 싱크대 일체형으로 개발된 제품은 현재 6개 정도의 제품이 시장에 출시되어 있으며, 그 제품의 비교는 다음과 같다.

업체명	모델명	판매가격	기기특징	제품무게
디디텍	띠 띠	660,000원	비상제동장치	12kg
소프트바이오텍	Eco Sink	780,000원	유선리모콘	19kg
에코포유	매직싱크	759,000원	이물질 처리능력 미비	15kg
엔포스트	푸드크린	990,000원	건조시간 2시간대	18kg
초록비	에버라인	792,000원	저소음, 건조미비	19kg
한큐에	한큐에	456,000원	건조장치 없음	12kg

표1 싱크대 일체형 음식물처리기 제품 비교표

표에서와 같이 시중 제품은 7가지 제품이 제시되었는데 제품의 성능 면에서 편리성이 떨어지며 제품의 구조도 매우 복잡한 것이 현실이다. 싱크대 일체형의 구조를 가지고 있으면서 분쇄 기어 방식을 사용한 경우 분쇄, 이송, 건조의 기능을 구비하기 위하여 복잡한 기계 구조를 이루고 있다. 따라서 간단하여 제품 원가가 높지 않으면서도 싱크대 일체형으로 분쇄, 탈수, 이송하는 장치의 개발이 필요하게 되었다.

가. 하나의 모터로 구현된 제1호기

본 개발에서는 싱크대 일체형의 구조를 가지고 있으면서도 비교적 간단한 구조로 고안된 음식물 처리 제품이 설계되었다. 본 개발에서는 이러한 구조의 제품을 제 1호기라 명명하였다.

그림 1에서와 같이 싱크대에 직접 설치 할 수 있도록 고안하였으며 싱크대에서 투입된 음식물은 회전판에 부착된 날과 벽과의 마찰을 통하

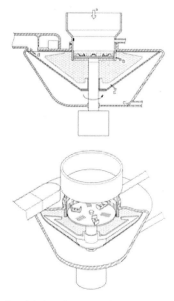

그림 1. 하나의 모터로 구성된 음식물 처리기 제1호기

여 잘게 분쇄되어 아래쪽으로 물과 함께 떨어진다. 분쇄 날 하부에는 다
공성 판으로 구성된 탈수조가 부착되어 있고, 하나의 모터에서 같은 속
도로 구동되는 이 탈수통에서 음식물은 탈수된다. 분쇄와 탈수가 끝나
면, 윗 부분 배출 통로를 통해 건조 장치로 이송된다. 따라서, 신 개념으
로 설계된 본 음식물 처리기는 하나의 모터를 사용하여 분쇄, 탈수, 이송
의 과정을 간단하게 처리하는 간단하면서도 획기적인 방식으로 구현하
였다. a방향으로 투입된 음식물은 회전판에 부착된 날과 벽에 마찰로 파
쇄되어 b방향으로 떨어져 회전하는 탈수통에 투입된다. 탈수통은 다수
의 다공성 제품으로 물은 c방향으로 빠져서 c'의 배수구를 통해 하수구로
배출되고 탈수된 음식물은 원심력에 의해서 d의 통로로 배출되는 구조
를 가지고 있다. 그림 1의 하부에는 탈수통에 자유롭게 회전하는 회전물

을 삽입하였는데 이는 탈수통에 잔존하는 음식물이 원활하게 배출될 수 있도록 고안된 회전날이다.

기존의 제품은 녹즙기에 내장된 것과 같은 스크류에 의혜 음식물을 분쇄하는 복잡한 구조를 갖고 있는 고가의 복잡한 장치들이 대부분이다. 그러나 본 개발의 설계 제품은 하나의 모터를 통해 분쇄, 탈수, 이송의 기능을 구현함으로써 간단하면서도 편리한 제품을 경제적인 가격으로 실현할 수 있는 제품이 가능하게 되었다.

이 제품의 사용 흐름을 살펴보면 다음과 같다.

① a 투입구로 음식물이 투입된다.

② b 부분에서 칼날의 회전을 통해 음식물이 벽과의 충돌을 통해 파쇄된다.

③ 파쇄된 음식물은 칼날의 측면의 구멍을 통해 하부 탈수조로 물과 함께 떨어진다.

④ 물과 함께 떨어진 음식물은 깔대기 모양의 다공성 면을 따라 원심력이 큰 부분으로 이동하고 이때 물은 탈수조 외부로 원심력에

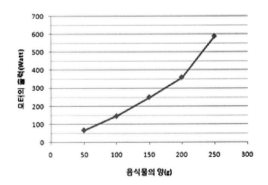

그림 2. 제1호기에서 음식물의 양과 모터출력

의하여 배출된다.

⑤ 음식물은 원심력이 큰 부분으로 모여 있다가 상부면의 뚜껑의 일부분을 개발하게 되면 처리기 외부로 토출된다.

그러나, 이러한 과정 중 심각한 결함이 발견되었다. 음식물은 깔대기 구조의 모서리 부분에 모이게 되고, 모인 음식물이 고정되어 있는 상부 뚜껑과 마찰을 일으키는 것이다. 이러한 마찰을 극복하기 위해서는 상당히 큰 힘을 필요하게 되고 따라서, 회전 모터의 대형화가 필요하다. 기존의 음식물 처리기가 약 90~200W 출력의 모터를 사용하는 것에 비하여 제 1호기의 경우는 500W 이상의 모터를 사용하여야만 음식물이 배출되었다. 그러나 가정용 제품에서 500W 이상의 모터를 사용하는 것은 가격이나 크기 측면에서 적절하지 않기 때문에 이에 대한 대안이 필요하게 되었다. 더욱이 마찰력은 그림 2에서 보듯 급격하게 증가하기 때문에 가정에서 안전하게 기계를 사용하려면 이 보다 더 큰 모터가 필요한 것이다.

초기 구조를 간단히 하는데는 성공하였으나, 음식물과 처리기 사이에서 발생하는 마찰력에 의하여 기존의 구조보다 매우 큰 사양의 모터를 사용하여야 하기 때문에 원가 절감에서 많은 문제점이 있음을 알게 되었다.

나. 상하 두 쌍으로 이루어진 탈수통이 있는 제 2호기

본 개발에서는 이러한 마찰력 문제를 해결하기 위하여 음식물과 접촉하는 상면을 회전하는 구조체를 채용한 상 하 두 쌍으로 이루어진 탈수통이 있는 음식물 처리기를 개발하였다.

제 2호기의 작동원리는 다음과 같다.

① a 파쇄부에서 음식물이 파쇄되어 탈수부로 물과 함께 떨어진다.

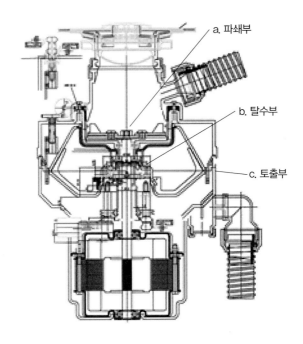

그림 3. 두 쌍으로 이루어진 탈수통이 있는 음식물 처리기 제2호기

② 상하 결합에 의하여 함께 회전하는 탈수통에 투입된 음식물 쓰레기는 다공성 구멍에 의하여 물은 탈수되고 음식물은 원심력이 가장 큰 탈수통 중심부에 모인다.

③ 중심부에 모여 있는 음식물은 하부 탈수 드럼을 모터에 의하여 회전하면서 하부로 내려 이격시킨다. 드럼 주위에는 띠가 둘러져 있고, 이 띠의 일부를 개방하여 음식물을 토출하게 된다.

④ 탈수 드럼에서 배출된 음식물은 탈수통 주의에 둘려져 있는 띠에 의하여 막혀있게 되고 이 띠의 일부를 개방하여 탈수된 음식

물은 다음 과정으로 토출된다.

제2호기의 경우 실험을 통하여 다음과 같은 실험 결과를 도출하였다. 파쇄부에서 잘려진 음식물이 상하 두 쌍으로 이루어진 탈수부에서 음식물의 양이 증가하여도 음식물을 탈수하는데 아무런 문제점이 없었다. 제1호기는 음식물의 양이 250g을 넘으면 모터의 출력이 500W이상 필요하였으나 그림 4에서 나타났듯이 제2호기에서는 음식물이 양이 300g을 넘어서도 200W 출력의 모터를 사용하여 전혀 무리가 없었다.

제2호기에서는 음식물의 증가에 따른 모터의 대형화 필요성을 완전히 해결하였다. 그러나 이 경우 탈수통에서 배출된 음식물이 토출되는 과정에서 문제점을 발견하였다. 상하 두 쌍으로 이루어진 탈수통에서 물은 배출되고 탈수된 음식물은 하측의 탈수통을 회전하는 상태에서 하부로 내려오게 된다. 그러면 원심력이 큰 곳에 모여 있던 음식물들이 벌려진 사이의 띠를 돌다가 띠의 일부분이 개방이 되면 개방된 토출문을 통해 밖으로 이송되도록 설계한 구조이다. 그러나, 이러한 구조는 역시 토

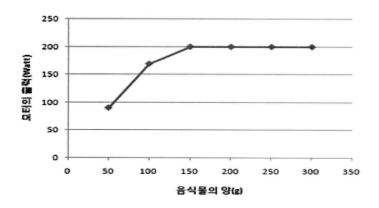

그림 4. 제2호기에서 음식물의 양과 모터 출력

출이 되면서 음식물이 심한 마찰을 일으켰으며, 모터가 안정적으로 회전하지 못하였다. 탈수통과 띠의 간격은 약 0.5mm을 유지하였는데 이는 회전하면서는 문제가 없다가 상하 탈수통을 이격하게 되면, 음식물과의 간섭을 통해 띠와 탈수통에서 심한 간섭을 일으키게 되었다.

제 2호기의 경우는 음식물이 증가하여도 탈수통에서 생기는 마찰이 증가하지 않았으나, 그림 5의 나에서 보듯 토출 과정에서 발생하는 간섭 때문에 이러한 구조도 문제점을 나타내었다. 또한 간섭 과정에서 음식물이 띠의 상하로 유출되는 현상도 나타나 음식물을 회수하는 과정에서 새로운 구조가 필요하게 되었다.

다. 상하 이격 후 별도의 수거함을 갖는 구조의 제 3호기

이러한 제 2호기의 문제점을 해결하기 위하여 본 개발을 통하여 제 3호기의 제품을 설계하여 제작하였다. 제 3호기 에서는 탈수통의 이격 시

가. 토출문 구조 나.탈수통과 띠의 마찰
그림 5. 제 2호기의 토출문 구조와 작동 그림

벽면과 통 사이의 간섭을 일으키지 않도록 외부에 별도의 수거통을 설치하였다.

작동 원리를 설명하면 다음과 같다.

① 상부에서 파쇄된 음식물과 물이 유입되고 상하 두 쌍으로 이루어진 탈수통내부로 유입된다.

② 탈수통을 유입된 수분과 음식물은 다공성 구멍에 의하여 수분이 탈수되고 음식물을 원심력이 큰 부분으로 모이게 된다.

③ 상하 함께 회전하고 있는 탈수통을 이격시켜 탈수통 내부에 있는 음식물을 별도로 설치된 음식물 수거함으로 토출한다.

④ 토출된 음식물은 별도 통에서 회전하는 회전날에 의하여 처리기 외부로 보내진다.

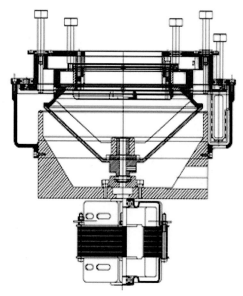

그림 6. 탈수통 외부에 별도의 수거함을 설치한 제 4호기

제 3호기에서 실험은 제 1, 2호기의 모든 문제점을 해결하고 가정에서 사용 가능한 300~400W급의 모터를 사용하여 모든 기능을 구현하였다. 이로서 하나의 구동 모터를 사용하여 음식물을 분해하고 탈수하여 이송하는 모든 기능을 수행하는 간단한 구조의 음식물 처리기를 설계하였다. 그러나 제 3호기의 경우 음식물을 처리기 밖으로 배출하기 위해서는 별도의 수거함 내부를 회전하는 날을 설치하고 이를 회전시켜야 하는 장치가 필요한 단점이 남아 있다. 그럼에도 불구하고 가정에서 음식물을 간편하게 처리하여 그 처리물을 탈수하고 이를 모아서 수거하는 장치를 비교적 간단한 구조로 구현한 것은 본 개발에서 얻어진 커다란 성과라 할 수 있다.

가. 상부그림

나. 별도의 통으로 토출된 사진

다. 상하부 분리 사진

라. 상부 하부 사진

그림 7. 제 3호기의 구조 및 분리 사진

라. 상하 이격 후 별도의 수거함이 없는 간단한 구조의 제 4호기

위 실험을 통하여 음식물 처리기가 파쇄, 탈수, 토출, 이송되는 전 과정의 제품을 개발하는 것은 성공하였다. 그러나, 이 경우 제품의 크기가 상대적으로 너무 크게 제작되었다. 탈수통 주변으로 별도의 수거함이 달려 있게 되므로 제품의 직경이 33 cm 정도로 넓어 졌다. 전체적으로 제품의 무게도 무거워져서 싱크대 밑에 설치하는 것이 용이하지 않았다. 본 개발에서는 이러한 문제점을 해결하기 위하여 다음과 같은 설계를 하였다.

그림 8에서 보듯 제 4호기는 별도의 수거함이 없으며, 탈수되어 나오는 물이 흐르는 음식물 처리기의 몸체를 그대로 음식물의 토출 수거함으로 동시에 이용하도록 설계하였다. 제 4호기의 작동 원리는 다음과 같다.

① 음식물 쓰레기가 물과 함께 투입되어 파쇄된다.

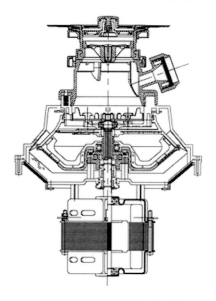

그림 8. 별도의 수거함이 없는 제 4호기

② 파쇄된 음식물은 하부의 상하 두쌍으로 이루어진 탈수통으로 떨어져서 물은 다공성 구멍을 통해 원심력에 의해서 배출되고 음식물은 탈수통의 끝 쪽으로 몰려 회전한다.

③ 탈수 과정이 충분히 끝난 후 하부의 탈수통이 별도의 장치에 의하여 회전하면서 상부 탈수통과 이격이 되면 탈수통에 있던 음식물은 외부 통으로 배출된다.

④ 이때 그림 9의 문을 개방한 후 하수 탈수통이 하강하면 하수 탈수통 외부에 설치된 블레이드의 회전에 의하여 음식물이 처리기 외부로 배출된다.

⑤ 음식물 쓰레기는 수거함 외부에 부착된 별도의 통속으로 이동되고, 이 통안에서 건조되어 처리된다.

이와 같은 과정으로 음식물은 처리되며 비교적 적은 공간을 차지하여 설치하기에도 매우 편리한 크기의 제품을 개발할 수 있었다. 특별히 하

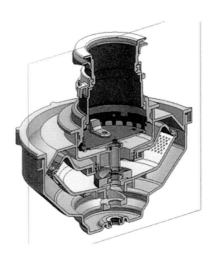

그림 9. 제 4호기의 단면 투시도

부의 탈수통 외부에 블레이드를 설치하여 이 회전을 통하여 음식물을 배출할 수 있도록 고안하였다. 이로서, 하나의 구동 모터를 사용하여 음식물을 파쇄하고 탈수한 후 이를 음식물 처리기 외부의 일정장소로 이송하는 획기적인 장치가 개발되었다. 개발된 제 4호기는 그 구조가 간단하여서 제품의 원가를 획기적으로 낮출 수 있을 것으로 예측된다. 또한, 제품의 크기도 기존의 파쇄기의 정도여서 제품의 설치 및 유지에도 큰 불편함이 없는 것으로 판단된다.

제3, 4호기의 경우 음식물의 양이 많더라도 모터의 한계 토크를 넘지를 않았다. 따라서 제3, 4호기는 음식물에 의한 마찰이 적기 때문에 일반적인 300~400W 출력의 모터를 사용하여 적용이 가능하였다.

본 개발을 통하여 기존의 제품을 파쇄하여 하수구로 유출하는 기존 디스포저 제품을 완전히 대체할 수 있을 것으로 기대하고 있다. 또한 제품의 가격도 획기적으로 낮출 수 있어 환경 오염을 막고 주부의 사용 편리성을 높인 제품을 보급할 수 있을 것으로 판단된다.

개발에 대한 결론

본 개발에서는 하나의 모터를 사용하여 음식 폐기물을 분쇄하고, 이를 상하 두 쌍으로 이루어진 다공성 탈수통에 연결하여 탈수한 후 탈수통의 상하를 이격시킴으로써 개방하여 음식물을 건조실로 이송하는 획기적인 제품이 고안되었다. 총 4개의 제품이 설계되고 실험되었는데 제1호기는 음식물 토출이 마찰력이 크게 발생하여 모터의 크기가 큰 모터가 요구되었다. 제2호기는 상호 두 쌍으로 이루어진 탈수통을 사용함으로써 마찰력은 줄였으나, 토출할 때 음식물과의 간섭현상이 발생하였다. 제3호기는 탈수통 주변 360° 방향으로 별도의 수거함을 설치하여 제품을 원활하게 수거할 수 있었으나 제품의 크기가 커지게 되며 별도의 수거함과 이를 배출하는 별도의 장치가 필요하였다. 제4호기는 별도의 수거함 대신에 탈수를 완전히 마친 후 처리기 내부로 음식물을 토출하고 하부 탈수통에 별도의 블레이드를 달아 이 회전력으로 음식물을 토출하였다. 제 4호는 하나의 구동 모터를 사용하여 간단한 구조를 가지면서도 음식물을 파쇄, 탈수, 토출, 배송하는 모든 절차를 성공적으로 수행할 수 있었다.

기존의 싱크대 일체형의 제품의 경우 음식물을 분쇄하고, 이를 이송하는 장치가 복잡하게 구성되고 또한 복잡한 건조실 구조를 갖고 있다. 따라서 제품의 소비자 가격도 일반적으로 사용하기에는 높은 가격대를 형성할 수밖에 없어서 소비자에게 큰 부담이 되었다. 그러나, 본 개발에서 개발된 원심력을 이용한 제품의 경우 기존의 간단한 형태의 디스포저 구조에 간단한 탈수통을 부착하고 또한 이 탈수통에 부착한 블레이드를 사용하여 제품을 이송하는 획기적인 제품을 구현할 수 있었다.

본 개발에서 고안된 새로운 구조의 음식물 처리기는 간단한 구조로 분쇄, 탈수, 이송을 구현하였고, 따라서 가격이 저렴하면서도 소비자의 음식물 처리 편리성을 최대한 만족시키는 제품이다. 또한, 이러한 음식물 처리기는 다량의 유기물이 하수나 토양이 버려지는 것을 방지함으로써 환경오염을 줄이는데 상당히 기여하게 될 것으로 사료된다.

알레르기 방지 침구의 개발 사례

1) 제품 개발의 필요성

집먼지가 알레르기 질환의 원인으로 관여할 것이라는 것은 1921년 Kern*에 의해 제시되었으며, 1928년 Ancona**는 진드기로 심하게 오염된 밀가루가 원인이 되어 발생한 직업성 천식을 보고하였다. 이후 집먼지 내에 집먼지진드기가 많이 서식하고 있으며 이것이 집먼지 알레르기의 주요 원인 성분이라는 것이 1967년 Voorhost의 집먼지진드기와 집먼지 allergen에 관한 발표로 밝혀진 이후, 호흡기 알레르기 질환과 집먼지진드기와의 관계에 대하여 많은 연구가 진행되고 있다. 현재 집먼지진드기는 세계적으로 호흡기 질환에서 가장 중요한 allergen으로 알려져 있다.*** 국내에서도 호흡기 알레르기 환자의 약 50~80%가 집먼지진드기에 대한 알레르기 피부 시험에 양성 반응을 보이고 있다.****

집먼지진드기 allergen에 대한 노출을 감소시키기 위한 구체적인 관리방법을 일종의 '환경 관리'라고 말할 수 있는데, 그 중 가장 중요한 일은 침구류, 카페트, 가구, 옷 등 allergen 저장소 역할을 하는 곳에 저장된 allergen을 없애고 저장된 allergen에 노출되는 것을 피하는 것이다.

---

*   Kern RA: Dust sensitization in bronchial asthma. Med Clin anorth Am 5:751-758,1921

**   Ancona G: Asthma epidemico da " Pediculoides Ventricosus " Policlinico (Sez Med) 30:45-70,1923

***   Dowse GK, Turner KJ, Stewart GA, Alpers MP, Woolcock AJ: The association between Dermatophagoides mite and the increasing prevalence of asthma in village communities within the Papua New Guinea highland. J Allergy Clin Immunol 75:75-83,1985

****   강석영, 최병휘, 문희범, 민경업, 김유영: 한국인 호흡기 알레르기 환자에 있어서의 피부시험 성적에 관한 연구, 알레르기 4:49-56, 1984

특히 침구에 있는 집먼지진드기 allergen에 대한 노출 회피는 가장 먼저 해야 할 중요한 조치이다. 침구에는 먼지도 많고 집먼지진드기도 많이 서식하고 있어 allergen 양이 매우 많은 곳이며 밤에 잠자는 동안 사람에게 직접 대량으로 폭로가 일어난다. 현재까지 밝혀진 환경관리 방법 중 침구류에 있는 집먼지진드기 allergen을 감소시키는 데 가장 효과적이고 중요한 방법은 집먼지진드기 allergen 성분이 통과하지 못하게 만든 특수 커버를 제작하여 이불, 요, 베게 등과 같은 침구류를 씌우는 방법이다.* 즉 특수 커버를 사용하여 집먼지진드기의 가장 큰 서식처인 침구환경과 인간과의 접촉을 원천적으로 차단시키는 것이다. 초기의 특수 커버는 비 투과성 비닐과 같은 재질로 침구를 덮어 씌우는 방법이 제시되었으나, 비닐이 가지는 수분 및 공기에 대한 비 투과성으로 인한 위생상의 문제와 촉감 등의 문제로 현재는 권장되지 않고 있다. 현재는 공극의 크기를 집먼지진드기 allergen(약 10㎛) 크기보다 작게 만든 고밀도 특수 직물로 제작한 항원 비투과 특수 커버로 침구를 덮어 씌우는 방법이 가장 확실하고 효율적인 방법으로 알려져 있다. 따라서 촉감이 좋고 경제적이면서 집먼지진드기 allergen에의 노출을 감소시킬 수 있는 커버를 개발하는 것은 알레르기 질환이 증가하고 잇는 현 상황에서 가치 있는 연구과제라고 판단된다. 이에 본 개발에서는 극세 공극 직물로 개발한 고밀도 초극세 공극 직물을 사용하여 먼지와 집 먼지 진드기 allergen의 감소효과, 그리고 집먼지진드기 특이 immunoglobulin의 변화를 알아보고자 하였다.

---

* Tovey E. Marks G.: Methods and effectiveness of environmental control, J. Allergy Clin Immunol, 103, 179–191, 1999.

2) 개발을 위한 실험 재료 및 방법

2-1) 실험 재료

본 개발에서는 극세 공극을 가진 특수 직물인 "Allergy-X-Cover" 및 대조군으로서 이와 동일한 모양 및 재질의 "위약* 직물"을 사용하였다(그림 1). Allergy-X-Cover는 집먼지진드기에서 나오는 여러 allergen 성분보다 작게 만든 고밀도 특수 직물로 평균 공극의 크기가 2μm 이하가 되도록 극세사를 이용하여 만들어진 제품이다. 실험에 사용된 특수 직물의 경우 공극의 평균 크기가 0.29μm, 대조군으로 사용된 직물의 경우는 공극의 평균 크기가 66.02μm였다.

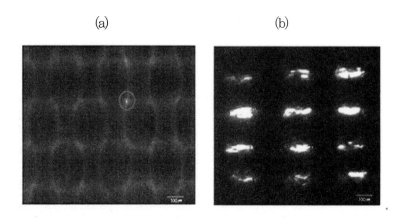

그림 1. Gap of fabrics (a) Allergy-X-Cover (b) Placebo Cover

---

* 본래 위약(placebo)이란 진짜 약과 똑같은 외형으로 만들어 임상 실험 때 사용하는 가짜 약을 말한다. 실험자는 위약이 진짜 약이라고 믿고 복용하며, 이렇게 실험해야만 약의 효능을 선입관 없이 체크할 수 있다.

2-2) 실험 방법

집먼지진드기 알레르기에 의한 호흡기 알레르기 질환을 앓고 있는 환자 66명을 모집하여 36명과 30명의 두 군(群)으로 나누어 한쪽은 특수 커버(특수 커버군)를, 나머지 반은 특수 커버와 동일한 모양 및 재질의 위약 커버(대조 커버군)를 분배하도록 하였다. 이러한 방식으로 배정된 특수 커버 및 위약 커버를 침구류에 설치하였다. 설치된 커버는 일상적으로 침구류를 관리하는 것과 동일한 방식으로 사용 관리하도록 교육하였으며, 2~3개월에 한번 정도로 실온에서 세탁하도록 하였다.

실험 참여자를 대상으로 직접 가정을 방문하여 거주 환경을 확인하고 시험용 커버를 제공, 설치하였으며, 설치 후 2개월마다 가정 방문 조사를 반복하여 커버 사용 여부를 확인하고 필요한 교육을 하면서 침구류에서 진공 청소기를 이용하여 먼지를 채집하였다. 처음 가정 방문 시 가족 구성, 가옥의 종류 (아파트, 단독 주택), 구조, 건축 연도, 주거 환경(침대 사용, 카페트, 누수 여부, 커튼 사용 여부), 소득 수준 청소 방법, 청소 횟수 등에 관한 기초 조사를 병행하였다. 또한 대상 가구 모두에 온, 습도계를 배부하여 항상 측정, 기록하도록 하였으며, 온도 및 습도 변화에 의한 집먼지진드기 allergen 양의 변화를 보정하도록 하였다.

연구 대상 가구에 배정된 시험용 커버를 사용하는 침구류에서 동일 한 면적에서 동일한 시간 (매트리스 및 요: 2m²에서 1분30초, 이불: 2m²에서 30초, 베개: 30초)동안 진공 청소기를 이용하여 먼지를 채집하였다. 또한 커버를 사용하는 방의 일정 크기의 공간에서도 바닥 먼지를 채집하였다. 또한 시험용 커버 중 특수 커버를 사용하는 가구에서는 특수 커버를 사용하지 않는 일반 침구 및 방바닥에서도 같은 방식으로 먼지를 채집하여 동일한 가구 내에서 커버 사용 여부에 따른 변화가 있는지도 함께 살펴보았다.

채집된 집먼지 중 입자가 고운 먼지만을 골라 냉동 보관하였으며, 먼지 1g 및 침구류 또는 바닥의 단위면적 당 존재하는 집먼지진드기 (D. pteronyssinus 및 D. farinae) 주allergen 양을 two-site ELISA법으로 각각 측정하였다. 채집한 먼지를 먼저 0.1% BSA-PBS 용액에서 allergen을 4℃에서 24시간 동안 추출한 다음 이를 원심 분리한 후 상층액 내의 집먼지진드기 주allergen (Der f 1 및 Der p 1)을 이전에 보고한 방법[*]으로 측정하였다.

또한 3M사의 PRIST Kit를 사용하여 연구 시작 전, 커버 사용 4개월, 8개월 및 12개월 후에 혈청 총 IgE를 측정하였다. 또한 CAP system을 이용한 fluoroimmunoassay (Pharmacia, Sweden)로 집먼지진드기에 대한 혈청 특이 IgE 항체를 측정하였다. 통계 처리는 연세대학교 의과대학 의학통계학과에 의뢰하여 전문적으로 분석하도록 하였으며, SAS 8.2 프로그램을 이용하여 p값이 0.05보다 작은 경우 의미가 있는 것으로 판정하였다.

3) 개발 실험의 결과 및 토론

3-1) 특수 커버 사용 전후 총 먼지 양의 변화

그림 2에서는 시험 커버 사용 전후의 먼지 양을 대조 커버와 특수 커버에 대하여 각각 36명과 30명의 평균치를 나타내었으며 95% 신뢰도로 신뢰 구간을 함께 나타내었다. 시험커버 사용 전후에 특수 커버 사용한

---

[*]   Park JW, Kim CW, Kang DB, Lee IY, Choi SY, Yong TS et al. Low-flow, long-term air sampling under normal domestic activity to measure house dust mite and cockroach allergens. J Investig Allergol Clin Immunol 2002;12:293-298.

침구류 또는 커버를 사용한 침구가 있는 방의 바닥에서 수거되는 먼지 양을 비교해 보면, 특수 커버를 사용한 침구류에서는 커버 사용 후 먼지 양이 통계적으로 유의하게 적어짐을 관찰할 수 있었다.

　반면에 대조 커버군의 침구에서는 커버 설치 후 첫 2개월째에는 먼지 양이 유의미하게 줄었으나 4개월 및 6개월 후에는 다시 먼지 양이 증가 되어 통계적인 유의성이 없었다. 그러나 대조 커버군에서도 8개월 후에 는 먼지 양이 감소하는 소견을 보였다 (그림 2). 한편 특수 커버를 사용 한 방바닥에서의 먼지양도 특수 커버군에서 커버 설치 후 곧 감소하는 소견을 보여 특수 커버 사용으로 인하여 침실 바닥에서의 먼지도 감소할 수 있는 여지를 보였다.

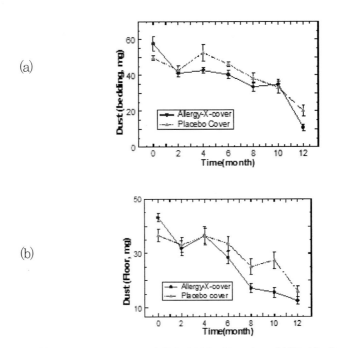

그림 2. Amount of collected dust (p<0.05, 95% Confidence interval) (a) Bedding (b) Floor

3-2) 특수 커버 사용 전후 집먼지진드기 allergen의 변화

침구류 및 방바닥에서 수거한 먼지에서 집먼지진드기의 주allergen
을 측정하였다. 대부분의 가정에서는 집먼지진드기 중 D. farinae의 제 1
형 주알레르기인 Der f 1이 가장 많이 측정되고 그 외 D. pteronyssinus
의 1형 주알레르기인 Der p 1도 검출되었다. 반면 두 종의 집먼지진드
기의 2형 주allergen인 Group 2 allergen은 대부분 측정되지 않아 본 연
구의 분석에서도 Group 2 allergen은 제외하였다. 따라서 주로 가장 많
이 측정되는 Der f 1 및 Der f 1과 Der p 1의 합인 Group 1 allergen (Der 1
Allergen) 양을 각각 비교하였다.

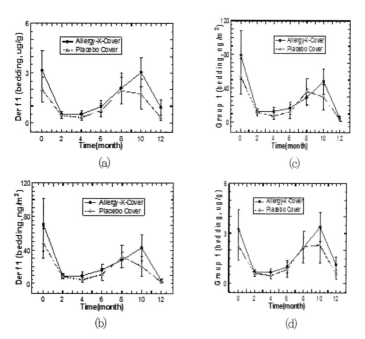

그림 3. Amount of collected house dust mite allergens in bedding (p<0.05, 95% Confidence interval)
(a) D.fariane 1 (Der f 1) (per unit weight) (b) Group 1 (Der f 1 + Der p 1) (per unit weight) (c) Der f 1 (per
unit area) (d) Group 1 (per unit area)

그림 3에 커버 사용 침구류 및 방바닥 먼지에서 수거한 집먼지진드기 주allergen양을 표시하였다. 대조 커버와 특수 커버에 대하여 각각 36명과 30명의 평균치를 나타내었으며 95% 신뢰도로 신뢰 구간을 함께 나타내었다. 특수 커버를 사용한 침구에서의 Der f 1은 커버 사용 2, 4, 6 및 8개월 후에도 기저치에 비하여 유의하게 낮은 상태를 보였으나 10개월 후에는 다시 증가하였고 12개월 후에는 계절적 요인으로 다시 감소하는 소견을 보였다. (그림 3-(a)) 한편 대조 커버 사용 침구에서도 커버 사용 2, 4 및 6개월 후에는 기저치에 비하여 감소되어 있는 소견을 보였으며, 이는 집먼지진드기 allergen의 계절적 변동(겨울 및 봄)에 따른 것으로 추정된다. 결국 특수 커버 및 대조 커버의 효과는 6개월까지는 큰 차이를 보이지 않았으며, 8개월 째(여름) 집먼지진드기 allergen이 상승하는 것을 특수 커버는 어느 정도 줄여주는 것으로 이해되었다.

즉 일반적인 생활 습관에서 특수 커버의 사용이 집먼지진드기 allergen에 대한 노출을 완전히 막아주지는 못하는 것으로 나타났다. 이러한 결과는 Der f 1뿐만 아니라 집먼지진드기 제 1형 주allergen인 Der 1 allergen에서도 동일한 결과를 보였다. (그림 3-(b)) 한편 먼지 내에 포함된 집먼지진드기 주allergen 양을 먼지의 단위 무게당으로 표시하지 않고 침구류의 단위 면적당으로 표시한 후 비교해보아도 Der f 1의 변동은 유사한 결과를 보였으며(그림 3-(c)), Der 1 allergen은 특수 커버군에서는 커버 사용 후 12개월 동안 계속해서 집먼지진드기 allergen이 감소되어 있는 소견을 보였으나 대조 커버는 6개월까지의 계절적 영향에만 의미 있는 감소를 보였다(그림 3-(d)).

본 개발 실험 결과 특수 커버의 사용은 침구류에 포함된 집먼지진드기 allergen량을 감소시켰지만 시간이 지나면서 그러한 효과는 없어졌다. 대조 커버 사용 초기에도 집먼지진드기 allergen량이 감소하였는데, 이는 계절적 영향으로 겨울철 및 봄철에 집먼지진드기 allergen이 감소하는 경향을 반영한 것으로 추정된다. 즉 특수 커버의 사용이 집먼지진드기 allergen으로부터 노출되는 것을 완전히 막아주지는 못하는 결과가 나왔는데 이는 본 개발에 사용한 특수 커버가 allergen 차단의 효과가 완벽하지 않아 나타났을 수도 있으나, 특수 커버 군에서 대조 커버군에 비하여 더 오랫동안 allergen을 감소시키는 경향으로 보아서는 특수 커버 자체의 문제라기보다는 본 실험의 방법, 즉 특수 커버를 사용한다고 하더라도 특별하게 관리하거나 다른 추가적인 사항 없이 일상적인 생활 환경에서 사용하게 하여 나타난 결과인 것으로 판단된다. 즉 일반 생활 내에서 특수 커버로 침구류만 씌우는 것을 추가했을 뿐 다른 특별한 절차 또는 청소 방법 없이 편하게 사용하게 함에 따라 사용 시간이 늘어나면서 소량의 allergen이 계속해서 축적되거나 커버 위에 새로운 allergen 저장소가 생겨 효과가 감소한 것으로 생각된다.

이러한 점이 개발 당시부터 예상되었지만 특수 커버를 다른 복잡한 방법과 함께 사용하게 하는 것은 일반 환자들에게 사용함에 있어 많은 제약이 있어 널리 사용하기에 힘든 문제가 있어 쉽게 사용할 수 있도록 편하게 생활하도록 한 것이다. 그러한 단점에도 불구하고 특수 커버의 사용은 집먼지진드기 allergen에 대한 노출을 어느 정도는 감소시킬 수 있었으며, 아울러 침구류 등에서 나오는 먼지양도 의미 있게 감소시키는 것으로 나타났다. 호흡기 알레르기 질환의 특징이 기관지 또는 코의 과민성에 있어서 먼지에 노출이 많이 되어도 증상이 악화될 수 있기 때문에 먼지의 양 감소도 중요한 의미를 가지며, 이것 또한 특수 커버의 중요한 효과로 판단된다. 보다 엄격한 특수 커버의 관리로 집먼지진드기

allergen에의 노출을 보다 완전히 막을 수 있는지 혹은 알레르기 발병의 위험성이 높은 고위험 신생아에서 특수 커버를 사용함으로써 집먼지진드기 알레르기가 예방될 수 있는 지 등이 향후의 중요한 실험 과제이다. 따라서 향후 보다 엄격하게 관리된 생활 환경 하에서의 효과 또는 고위험군 신생아에서 특수 커버의 효과 등에 대한 광범위한 개발 실험이 필요할 것으로 판단된다.

3-3) 총 IgE 및 집먼지진드기-특이 IgE의 변화

개발 실험에 참여한 환자를 대상으로 혈청 총 IgE 항체를 커버 사용 및 사용 후 4개월간격으로 측정하였다. 대조 커버와 특수 커버에 대하여 각각 36명과 30명의 평균치를 나타내었으며 95% 신뢰도로 신뢰 구간을 함께 나타내었다. 그 결과 혈청 총 IgE 항체는 커버 사용 후 특수 커버 또는 대조 커버의 종류에 관계없이 감소하는 경향을 보였으며, 집먼지진드기에 대한 특이 IgE 항체(D.fariane 1 specific immunoglobulin E)는 특수 커버군에서는 집먼지진드기 allergen 감소와 유사한 양상, 즉 커버 사용

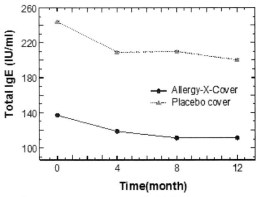

그림 4. Amount of immunoglobulin E(IgE) (p<0.05, 95% Confidence interval)

4개월 및 8개월 후에 의미 있게 감소한 양상을 보였다.

4) 개발 실험에 대한 결론

호흡기 알레르기 환자에서 원인 항원의 회피는 가장 중요한 요소로, 항원 비투과 커버로 침구류를 씌우는 것이 가장 효과적인 환경 관리 방법이다. 본 개발 실험의 결과 특수 커버를 사용한 침구류에서는 커버 사용 후 먼지양이 통계적으로 유의하게 적어졌다. 그러나, 대조 커버군에서는 커버 설치 후 첫 2개월째에는 먼지양이 줄었지만 4개월 및 6개월 후에는 다시 증가되었다. 또한 침구 면적당 집먼지진드기 allergen을 분석해보면, 집먼지진드기 Group 1 주allergen은 특수 커버군에서는 커버 사용 후 12개월 동안 계속해서 집먼지진드기 allergen이 감소되어 있는 소견을 보였으나 대조 커버는 6개월까지의 계절적 영향에만 의미 있는 감소를 보였다. 또한 집먼지진드기 특이-IgE 항체는 특수 커버군에서 집먼지진드기 allergen 감소와 유사한 양상을 보여주었다.

결과적으로 우리나라의 일반적인 생활 환경에서는 특수 커버의 사용이 집먼지진드기 allergen에 대한 노출을 완전히 막아주지는 못하였으나, 노출되는 양은 감소시킬 수 있었다. 아울러 먼지 양이 감소하는 효과가 있어 호흡기 알레르기 환자에 대한 환경 관리에 적용 시 도움이 될 것으로 판단된다.

결어

8장에서는 실제적인 벤처 제품화 사례를 살펴보았다. 이 사례들은 공

저자 가운데 한 사람이 실제로 벤처 기업을 창업하고 손수 운영하면서 수많은 실패 끝에 고심하여 얻은 귀중한 기술 개발 사례이다. 다소 내용이 어렵겠지만, 잘 음미한다면 참고할만한 내용이 매우 많을 것으로 생각한다.

벤처 기업은 벤처 기업가의 결단의 산물이며, 훌륭한 벤처 기업은 결국 뛰어난 벤처 기업가의 열정에 의해서 시작되는 것이다. 열정이 없다면 그 어떠한 사업도 시작할 수 없는 것이다.

사업의 세계에서는 어떠한 혁신적 신제품, 신기술을 보유하고 있다 하더 사업 성공에 대한 확신까지 제공하는 경우는 없다. 새로운 사업을 시작한다는 일 자체는 그만큼 많은 위험을 안고 있는 것인데, 그럼에도 불구하고 오늘도 수많은 사람들이 벤처 창업에 대해 고민하고, 어떤 이들은 결단을 통해 사업을 시작한다. 이 책을 읽은 여러분들 가운데서도 훌륭한 벤처 기업가가 많이 탄생하기를 소망하며 글을 맺기로 한다.

대한민국의 과거, 현재, 미래 :

공업

초판 1쇄 | 2015년 10월20일
초판 2쇄 | 2016년 12월10일

지은이 | 배재용 · 김동회 · 심상준
편　집 | 김재범, 이재필
디자인 | 임나탈리야
펴낸이 | 강완구
펴낸곳 | 써네스트
출판등록 | 2005년 7월 13일 제313-2005-000149호
주　소 | 서울시 마포구 동교동 165-8 엘지팰리스 빌딩 925호
전　화 | 02-332-9384　　　**팩　스** | 0303-0006-9384
이메일 | sunestbooks@yahoo.co.kr
ISBN 979-11-86430-07-1 (03530)　　　값 12,000원

정성을 다해 만들었습니다만, 간혹 잘못된 책이 있습니다. 연락주시면 바꾸어 드리겠습니다.

이 도서의 국립중앙도서관 출판사도서목록(CIP)은 서지정보유통지원시스템 홈페이지
(http://seoji.nl.go.kr)와 국가자료공동목록시스템 (http://www.nl.go.kr/kolisnet)에서
이용하실 수 있습니다. (CIP제어번호 : CIP2015027432)